Nabil Boutellis (Éd.)

Principe d'hétérodynage appliqué aux Caméras Infrarouges

Nabil Boutellis (Éd.)

Principe d'hétérodynage appliqué aux Caméras Infrarouges

Détection des transitions thermiques rapides

Presses Académiques Francophones

Imprint
Any brand names and product names mentioned in this book are subject to trademark, brand or patent protection and are trademarks or registered trademarks of their respective holders. The use of brand names, product names, common names, trade names, product descriptions etc. even without a particular marking in this work is in no way to be construed to mean that such names may be regarded as unrestricted in respect of trademark and brand protection legislation and could thus be used by anyone.

Cover image: www.ingimage.com

Publisher:
Presses Académiques Francophones
is a trademark of
International Book Market Service Ltd., member of OmniScriptum Publishing Group
17 Meldrum Street, Beau Bassin 71504, Mauritius

Printed at: see last page
ISBN: 978-3-8416-3645-4

Copyright ©
Copyright © 2015 International Book Market Service Ltd., member of OmniScriptum Publishing Group
All rights reserved. Beau Bassin 2015

Table des matières

Table des matières 4
Liste des tableaux 6
Liste des figures 7
Chapitre 1 12

    1.1. Définition du problème 13
    1.2 Objectifs et motivations 13
    1.3 Défis 14
    1.4 Application 14
    1.5 Organisation du mémoire 14
    1.6 Principes de base de la thermographie infrarouge 14
        1.6.1 Rappel sur le rayonnement électromagnétique 15
        1.6.2 Notion de corps noir et loi de Planck 15
        1.6.3 Corps réel et émissivité 17
    1.7 Le rayonnement infrarouge 17
        1.7.1 Infrarouge proche 18
        1.7.2 Infrarouge moyen 18
        1.7.3 Infrarouge lointain 18
    1.8 Méthode flash et estimation de la diffusivité thermique 19
        1.8.1 Diffusivité thermique 19
        1.8.2 Principe de la méthode flash 19
        1.8.3 Application de la méthode flash 20
    1.9 Résolution temporelle des caméras IR et détection hétérodyne 20
    1.10 Conclusion 21
Chapitre 2 22
    2.1 Principe de l'hétérodynage 23
    2.2 Mise en œuvre expérimentale et analyse de l'acquisition par hétérodynage 25
        2.2.1 Nécessité de l'Option 001 28
    2.3 Étude de l'influence du temps d'intégration sur l'acquisition des images 29
    2.4 Problématique de l'origine du temps 30
        2.4.1 Introduction 30
        2.4.2 Temps de retard td de l'enregistrement de la scène 30
    2.5 Application du montage hétérodyne 31
    2.6 Conclusion 39
Chapitre 3 40

3.1 Introduction à l'estimation de la diffusivité thermique dans le sens de l'épaisseur par la méthode de Parker – Diffusion 1D 41
3.2 Intégration de la détection hétérodyne au montage expérimental flash laser 42
    Études expérimentales avec une excitation flash laser de forme circulaire 43
    Étude expérimentale avec une excitation flash laser de forme linéaire 43
3.3 Estimation de la diffusivité dans l'épaisseur avec une manipulation flash laser non focalisée – Diffusion 1D 43
    3.3.1 Acquisition sans hétérodynage pour une impulsion laser de 2 ms 44
    3.3.2 Acquisitions hétérodynes pour différentes largeurs de l'impulsion laser 45
    3.3.3 Calcul de la diffusivité thermique dans l'épaisseur 52

3.4 Estimation de la diffusivité thermique radiale (i.e. dans le plan) avec une manipulation flash laser focalisée – Diffusion 3D 56
    3.4.1 Acquisition sans hétérodynage pour une impulsion laser de 600 μs 56
    3.4.2 Acquisitions hétérodynes pour différentes largeurs de l'impulsion laser 58
    3.4.3 Calcul de la diffusivité thermique radiale 62
3.5 Estimation de la diffusivité thermique radiale (i.e. dans le plan) avec une manipulation flash laser linéaire – Diffusion 3D 66
    3.5.1 Principe théorique 66
    3.5.2 Expérimentation 68
Chapitre 4 73
Bibliographie 76
Annexe A 78
  A.1 Fonction Matlab pour la lecture des fichiers sfmov 78
  A.2 Algorithme Matlab pour le calcul de la moyenne des quatre cycles 84
  A.3 Algorithme Matlab pour le calcul de la moyenne en surface 85
  A.4 Algorithme Matlab pour le calcul du coefficient de diffusivité 86
  A.5 Algorithme Matlab pour le calcul du coefficient de diffusivité avec le tracé des courb 87
  A.6 Algorithme Matlab pour le calcul du coefficient de diffusivité longitudinal (2D) 88
  A.7 Algorithme Matlab pour le calcul du coefficient de diffusivité radiale 89
Annexe B 91
  B.1 Système d'acquisition dans l'IR moyen (MWIR) 91
  B.2 Générateur Agilent 33250A 92
  B.3 Option 001 93
  B.4 Générateur Agilent 33120A 94
Annexe C 95
Annexe D 96
Annexe E 97
Annexe F 113

Liste des tableaux

TABLEAU 2-1 Matériel utilisé 26

TABLEAU 2-2 Définition des signaux 26

TABLEAU 2-3 Influence du temps d'intégration sur la fréquence d'acquisition de la caméra IR 27

TABLEAU 2-4 Délai de retard de l'enregistrement, t_d 30

TABLEAU 2-5 Acquisition sans hétérodynage 32

TABLEAU 2-6 Acquisition hétérodyne N = 200 33

TABLEAU 2-7 Acquisition hétérodyne N = 2000 34

TABLEAU 2-8 Acquisition hétérodyne N = 20 000 34

TABLEAU 2-9 Acquisition N = 100 avec excitation de la puce à 600.2 Hz 37

TABLEAU 3-1 Caractéristiques des échantillons en aluminium utilisés 42

TABLEAU 3-2 Conditions expérimentales 44

TABLEAU 3-3 Conditions expérimentales de l'acquisition sans hétérodynage (2 ms) 45

TABLEAU 3-4 Conditions expérimentales pour les acquisitions hétérodynes 45

TABLEAU 3-5 Diffusivités thermiques estimées 55

TABLEAU 3-6 Conditions des expériences avec laser non focalisé 56

TABLEAU 3-7 Conditions de l'acquisition sans hétérodynage (600 µs) 57

TABLEAU 3-8 Conditions expérimentales pour les acquisitions hétérodynes 58

TABLEAU 3-9 Conditions expérimentales (Méthode Lachi et al.) 63

TABLEAU 3-10 Conditions expérimentales (Méthode Philippi et al.) 68

Liste des figures

FIGURE 1-1 Emittance en fonction de la longueur d'onde et la température 16

FIGURE 1-2 William Herschel. 17

FIGURE 1-3 Spectre électromagnétique. 18

FIGURE 2-1 Principe de l'hétérodynage 24

FIGURE 2-2. a) Cas où Δf est nul entre $fexc$ et $fcam$, b) Cas où Δf est différent de zéro entre $fexc$ et $fcam$ 25

FIGURE 2-3 Montage hétérodyne 25

FIGURE 2-4 Image des trois signaux sur l'oscilloscope 26

FIGURE 2-5 Montage hétérodyne 26

FIGURE 2-6 Image de la puce à micro-résistance 28

FIGURE 2-7 Courbe de la fréquence d'acquisition en fonction du temps d'intégration 29

FIGURE 2-8 Temps de retard, t_d vs. fréquence de la caméra, f_{cam} 30

FIGURE 2-9 Temps de retard, Δt 31

FIGURE 2-10 Acquisition sans hétérodynage à 1000 Hz 32

FIGURE 2-11 Acquisition hétérodyne N = 200 (250 µs par trame) 33

FIGURE 2-12 Acquisition hétérodyne N = 2000 (25 µs par trame) 33

FIGURE 2-13 Acquisition hétérodyne N = 20 000 (2.5 µs par trame) 34

FIGURE 2-14 Acquisition hétérodyne avec temps d'intégration inférieur au pas d'hétérodynage 35

FIGURE 2-15 Acquisition hétérodyne avec un temps d'intégration supérieur au pas d'hétérodynage 35

FIGURE 2-16 Simulation Matlab de l'effet du temps d'intégration sur le contenu fréquentiel des signaux acquis par hétérodynage 36

FIGURE 2-17 Acquisition hétérodyne N = 100 (16.7 µs par trame) 37

FIGURE 2-18 Superposition du signal d'excitation sur la réponse thermique de la puce électronique 38

FIGURE 3-1 Schéma de principe de la méthode flash 1D 39

FIGURE 3-2 Montage hétérodyne pour l'application flash laser 40

FIGURE 3-3 Image globale du montage hétérodyne pour l'application flash laser 41

FIGURE 3-4 Laser non focalisé – Excitation de l'échantillon sur toute sa surface 44

FIGURE 3-5 Échantillon en papier aluminium et son support 44

FIGURE 3-6 Acquisition sans hétérodynage pour une impulsion laser de 2 ms (100 Hz).. 44

FIGURE 3-7 Zoom de l'acquisition sans hétérodynage pour une impulsion laser de 2 ms . 45

FIGURE 3-8 Acquisition avec hétérodynage pour une impulsion laser de 2 ms 46

FIGURE 3-9 Zoom de l'acquisition hétérodyne pour une impulsion laser de 2 ms 46

FIGURE 3-10 Sélection de la zone spatiale carrée pour le calcul de la moyenne et la réduction du bruit de mesure 46

FIGURE 3-11 Moyenne spatiale de l'acquisition hétérodyne (2 ms) 47

FIGURE 3-12 Zoom de la moyenne spatiale de l'acquisition hétérodyne (2 ms) 47

FIGURE 3-13 Acquisition avec hétérodynage pour une impulsion laser de 1 ms 47

FIGURE 3-14 Moyenne spatiale de l'acquisition hétérodyne (1 ms) 48

FIGURE 3-15 Zoom de la moyenne spatiale de l'acquisition hétérodyne (1 ms) 48

FIGURE 3-16 Acquisition avec hétérodynage pour une impulsion laser de 500 µs 48

FIGURE 3-17 Moyenne spatiale de l'acquisition hétérodyne (500 µs) 49

FIGURE 3-18 Zoom de la moyenne spatiale de l'acquisition hétérodyne (500 µs) 49

FIGURE 3-19 Acquisition avec hétérodynage pour une impulsion laser de 300 µs 49

FIGURE 3-20 Moyenne spatiale de l'acquisition hétérodyne (300 µs) 50

FIGURE 3-21 Zoom de la moyenne spatiale de l'acquisition hétérodyne (300 µs) 50
FIGURE 3-22 Acquisition avec hétérodynage pour une impulsion laser de 200 µs 50

FIGURE 3-23 Moyenne spatiale de l'acquisition hétérodyne 200 µs 51

FIGURE 3-24 Zoom de la moyenne spatiale de l'acquisition hétérodyne (200 µs) 51

FIGURE 3-25 Acquisition avec hétérodynage pour une impulsion laser de 100 µs 51

FIGURE 3-26 Moyenne spatiale de l'acquisition hétérodyne (100 µs) 52

FIGURE 3-27 Illustration de la méthode des temps partiels de Degiovanni 52

FIGURE 3-28 Les trois courbes polyfit et la courbe expérimentale (Impulsion 2 ms) 53

FIGURE 3-29 Les trois courbes polyfit et la courbe expérimentale (Impulsion 1 ms) 54

FIGURE 3-30 Les trois courbes polyfit et la courbe expérimentale (Impulsion 500 µs) 54

FIGURE 3-31 Les trois courbes polyfit et la courbe expérimentale (Impulsion 300 µs) 54

FIGURE 3-32 Les trois courbes polyfit et la courbe expérimentale (Impulsion 200 µs) 55

FIGURE 3-33 Laser focalisé – Excitation partielle de la surface de l'échantillon 56

FIGURE 3-34 Acquisition sans hétérodynage pour une impulsion laser de 600 µs 57

FIGURE 3-35 Zoom acquisition sans hétérodynage pour une impulsion laser de 600 µs ... 57

FIGURE 3-36 Acquisition hétérodyne pour une impulsion laser de 600 µs 58

FIGURE 3-37 Zoom de l'acquisition hétérodyne pour une impulsion laser de 600 µs 58

FIGURE 3-38 Acquisition hétérodyne pour une impulsion laser de 300 µs 59

FIGURE 3-39 Moyenne des quatre cycles pour une impulsion laser de 300 µs 59

FIGURE 3-40 Zoom de la moyenne des quatre cycles (300 µs) 59

FIGURE 3-41 Acquisition hétérodyne pour une impulsion laser de 200 µs 60

FIGURE 3-42 Moyenne des quatre cycles pour une impulsion laser de 200 µs 60

FIGURE 3-43 Zoom de la moyenne des quatre cycles (200 µs) 60

FIGURE 3-44 Acquisition hétérodyne pour une impulsion laser de 100 µs 61

FIGURE 3-45 Moyenne des quatre cycles pour une impulsion laser de 100 µs 61

FIGURE 3-46 Zoom de la moyenne des quatre cycles (100 µs) 61

FIGURE 3-47 Positions des thermogrammes T_1 et T_2 utilisés pour l'inversion 62

FIGURE 3-48 Photo du montage flash laser 63

FIGURE 3-49 Image thermique à t = 130 ms après l'impulsion laser 64

FIGURE 3-50 Courbes expérimentales $T_1\ et\ T_2$ en fonction du temps 64

FIGURE 3-51 Courbes $T_1 et\ T_2$ (polyfit) en fonction du temps 65

FIGURE 3-52 Courbe $X_{21} = T_2/T_1$ en fonction du temps 65

FIGURE 3-53 Schéma de principe de la méthode 66

FIGURE 3-54 Image du faisceau laser projeté sur une ligne sur l'échantillon en aluminium grâce à une lentille cylindrique 68

FIGURE 3-55 Distribution de température (4 ms) : a) Image thermique à t = 30 ms ; b) Profils de température selon l'axe x aux temps t_1 = 30 ms et t_2 = 530 ms 69

FIGURE 3-56 Courbe $ln\left(\frac{\theta(\alpha,e,t_2)}{\theta(\alpha,e,t_1)}\right)$ en fonction de α^2 (4 ms) 69

FIGURE 3-57 Distribution de température (2 ms) : a) Image thermique à t = 30 ms ; b) Profils de température selon l'axe x aux temps t_1 = 30 ms et t_2 = 530 ms 70

FIGURE 3-58 Courbe $ln\left(\frac{\theta(\alpha,e,t_2)}{\theta(\alpha,e,t_1)}\right)$ en fonction de α^2 (2 ms) 70

FIGURE 3-59 Impact de l'instant t_2 sur la diffusivité estimée, a_x. Évolution de a_x en fonction de $t_2 - t_1$ 71

Chapitre 1

Mise en Contexte

L'étude du comportement thermique des composants électroniques est indispensable lors de leur conception car les technologies actuelles sont soumises à des environnements de plus en plus sévères, ainsi la connaissance de leurs caractéristiques thermiques permet l'optimisation de leur fonctionnement.

Sachant que l'électronique actuelle est basée sur les semi-conducteurs, ceux-ci ont des caractéristiques qui varient sensiblement avec la température. Par exemple, un échauffement excessif peut dégrader irréversiblement les performances d'un composant électronique, réduire sa durée de vie ou provoquer sa défaillance. On peut dire donc que l'étude du comportement thermique du composant aidera à prévoir sa fiabilité, sa durée de vie et l'évolution de ses performances dans le temps.

L'étude de la diffusion thermique rapide est un domaine plein de défis au niveau expérimental. Ce mémoire développe l'une des techniques les plus récentes dans la détection des phénomènes thermiques rapides et périodiques qui est l'approche hétérodyne appliquée à des caméras IR.

1.1. Définition du problème

La caractérisation thermique aux petites échelles du temps et de l'espace est devenue un enjeu important notamment dans le domaine des puces électroniques. La miniaturisation de tels systèmes est essentielle pour le développement de l'industrie et la parfaite maîtrise de leur comportement thermique représente un défi majeur.

La problématique est d'obtenir des images de champs de températures à des temps successifs très rapprochés (i.e. fréquences élevées), dans le cas d'un phénomène parfaitement périodique. Nous mettons en œuvre ici le principe de la stroboscopie hétérodyne appliquée aux caméras IR ; les premiers résultats sont issus de l'analyse sur une puce électronique excitée par des signaux électriques périodiques de hautes fréquences.

La deuxième partie du projet consiste en l'application du principe hétérodyne à la méthode flash qui est une technique connue en thermophysique et qui permet de déterminer la diffusivité thermique de matériaux. On utilisera en premier lieu la méthode proposée par Degiovanni et al. [1] (flash 1D) qui tient compte des pertes pour l'analyse de la diffusivité dans l'épaisseur du matériau, en deuxième lieu, on utilisera les méthodes proposées par Lachi et al. [2] et Philippi et al. [3] (flash 2D) pour déterminer la diffusivité thermique dans le plan du matériau.

1.2 Objectifs et motivations

L'objectif de ce mémoire est de mettre au point un système hétérodyne appliqué à une caméra IR dans le but de détecter des réponses thermiques rapides et périodiques. En d'autres termes, il s'agit de l'amélioration de la résolution temporelle d'une caméra IR.

On développera également une technique qui nous permettra de déterminer l'origine des temps et qui nous donnera le temps précis de la réponse thermique par rapport au signal d'excitation.

Enfin, on appliquera le système hétérodyne pour la méthode flash laser qui consiste à déterminer le coefficient de diffusion à partir de la réponse thermique d'un matériau à une impulsion laser très brève.

1.3 Défis

Plusieurs défis ont été relevés tout au long de cette maîtrise, en effet il n'existe pas de travaux antécédents au sein du laboratoire LVSN reliés à l'amélioration de la résolution temporelle des caméras IR. Donc il a fallu constituer en totalité une base bibliographique étendue pour se situer parmi les recherches actuelles. Par ailleurs, l'approche proposée pour la résolution du problème de l'origine du temps fut l'un des apports majeurs de ce projet de maîtrise.

Finalement, l'application du système hétérodyne à la méthode flash laser ne fut pas chose aisée car il a fallu intégrer le module laser au reste du montage hétérodyne ainsi que la détermination des paramètres optimaux pour acquérir la meilleure réponse thermique aux impulsions laser.

1.4 Application

L'approche hétérodyne appliquée aux caméras IR pourrait être appliquée à plusieurs domaines de mesure de température, du moment où le phénomène thermique est périodique. Dans nos expériences, nous avons d'abord utilisé cette technique pour capturer la réponse thermique d'une puce électronique excitée par un signal à haute fréquence. Les tests expérimentaux ont montré par contre que le temps d'intégration minimum ajustable sur la caméra IR a un rôle important en limitant l'amélioration possible par hétérodynage de la résolution temporelle. Les manipulations ont également montré que le temps d'intégration a aussi un impact sur la fréquence d'acquisition opérable par la caméra IR. Nous avons ensuite utilisé la détection hétérodyne pour une deuxième application qui consiste en l'analyse quantitative de transitoires thermiques issues de tests de thermophysique rapide.

1.5 Organisation du mémoire

Ce mémoire comporte quatre chapitres, dont deux centraux (Chapitre 2 et 3), une mise en contexte (Chapitre 1) et une conclusion générale (Chapitre 4). Dans la mise en contexte, nous avons situé les enjeux de ce travail en passant en revue les définitions sur lesquelles il est fondé. Sont aussi présentés au chapitre 1, l'objectif de cette recherche, les défis et les applications ciblées. Dans les deux chapitres principaux, nous mettrons en œuvre la méthode hétérodyne pour l'amélioration de la résolution temporelle des caméras IR (Chapitre 2), ensuite son application à la méthode flash laser en thermophysique impulsionnelle rapide (Chapitre 3).

1.6 Principes de base de la thermographie infrarouge

La thermographie IR donne la possibilité de mesurer la température de surface, ses variations temporelles et spatiales sur des cibles étendues. L'image captée dans le domaine IR est fonction de la luminance de l'objet observé ; elle est transformée par le système d'acquisition en une image visible et analysable par l'œil humain.

1.6.1 Rappel sur le rayonnement électromagnétique

Toute matière portée à une certaine température échange de l'énergie avec le milieu extérieur sous forme de rayonnement électromagnétique. L'origine de l'émission est liée à l'agitation moléculaire ou atomique interne de la matière qui génère des transitions radiatives des électrons [4]. Cette agitation interne des particules est fonction de la température absolue de la matière. La gamme de rayonnements dite thermique s'étend en termes de longueur d'onde de 0.4 à 30 µm mais les outils d'analyse IR opèrent généralement dans la bande 3 à 15 µm.

Quatre phénomènes du transfert d'énergie par rayonnement thermique entrent en jeu :
- l'émission
- la transmission
- la réflexion
- l'absorption

Par exemple, un corps dit *opaque* émet, réfléchit, absorbe mais ne transmet pas.

1.6.2 Notion de corps noir et loi de Planck

On définit l'émetteur parfait comme un objet idéal (n'existant pas physiquement) qui absorbe la totalité des rayonnements incidents quelle que soit leur longueur d'onde et leur direction et qui émet conformément à la loi de Planck. L'objet réel qui se rapproche le plus de ce modèle est l'intérieur d'un four ou d'une cavité. Afin de pouvoir étudier le rayonnement dans cette cavité, une de ses faces est percée d'un petit trou laissant s'échapper une minuscule fraction du rayonnement interne. C'est d'ailleurs un four qui fut utilisé par le savant Wien (Voir loi de Wien) pour déterminer les lois d'émission électromagnétique en fonction de la température.

La loi de Planck donnée par l'équation ci-dessous décrit l'évolution de l'émittance spectrale en fonction de la température et la longueur d'onde :

$$M_\lambda^0(T) = \frac{2hc^2}{\lambda^5} \frac{1}{(e^{hc/\lambda k_B T} - 1)} \qquad (1.1)$$

M_λ^0 en W.m^{-2}.sr^{-1}.m^{-1}.

Où c est la vitesse de la lumière dans le vide, h est la constante de Planck, k_B est la constante de Boltzmann.

$h \approx 6.626\ 069\ 57 \times 10^{-34}$ J s

$k_B = 1.381 \; 10^{-23} J K^{-1}$

λ = Longueur d'onde (m)

T = Température (K)

La formule 1.1 est valable lorsque l'émission s'effectue dans le vide ou dans un milieu peu dense d'indice de réfraction voisin de 1.

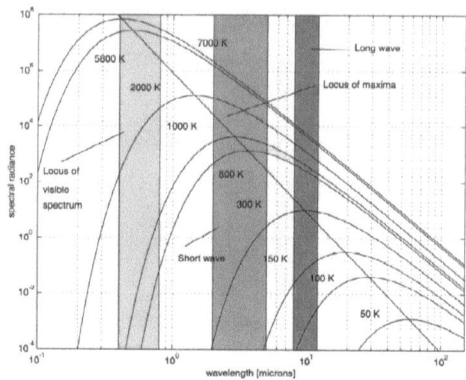

FIGURE 1-1 Émittance en fonction de la longueur d'onde et la température [5]

La figure 1.1 montre l'émission spectrale d'un corps noir selon la longueur d'onde à une température donnée. Le spectre visible est représenté par la bande grise située sur le côté gauche de la figure. On remarque que le spectre d'émission est continu et présente un maximum. On remarque aussi que si l'on travaille avec une caméra IR à une longueur d'onde donnée la luminance augmente avec la température : le signal de sortie sera donc une fonction croissante de la température du corps "noir". Enfin, ces courbes montrent que l'on peut avoir intérêt à travailler dans des longueurs d'onde plus courtes (3-5 µm) lorsque la température varie afin de profiter d'une meilleure sensibilité de la loi de Planck aux variations de températures dans cette région du spectre.

L'énergie totale émise est obtenue par l'intégration de la loi de Planck sur tout le spectre de zéro à l'infini, elle est donnée par la loi de Stephan-Boltzmann :

$$M^0 = \int_0^\infty M_\lambda d\lambda = \sigma . T^4 \quad en \; W.m^{-2} \qquad (1.2)$$

Où : σ = 5.67032 x 10⁻⁸ $W.m^{-2}.K^{-4}$

1.6.3 Corps réel et émissivité

Les corps réels émettent toujours un flux inférieur à celui du corps noir idéal, quelles que soient la longueur d'onde et la température. On définit ainsi l'émissivité spectrale directionnelle ε (λ, δ, T) de l'objet comme étant le rapport de la luminance énergétique spectrale directionnelle de l'objet à celle du corps noir, placés dans des conditions identiques de mesure. C'est une grandeur sans dimension comprise entre 0 et 1 dont la valeur est influencée par l'état de surface, la longueur d'onde, la direction d'émission, et la température du matériau. Lorsque ε (λ, δ, T) d'un objet ne dépend pas de la longueur d'onde, on dit qu'il s'agit d'un corps gris. La connaissance de ε (λ, δ, T) d'un objet et une mesure de température apparente permettent de remonter à sa température de surface vraie. La détermination de cette valeur est donc fondamentale pour la mesure de température par thermographie IR.

1.7 Le rayonnement infrarouge

Le rayonnement infrarouge (IR) est intuitivement perceptible par la simple exposition de la peau à la chaleur émise par une source chaude dans le noir, mais il ne fut prouvé qu'en 1800 par William Herschel, un astronome anglais d'origine allemande, au moyen d'une expérience très simple : Herschel a eu l'idée de placer un thermomètre à mercure dans le spectre obtenu par un prisme de verre réfractant la lumière blanche du soleil sur les longueurs d'ondes du visible afin de mesurer la chaleur propre à chaque couleur. Le thermomètre indique que la chaleur reçue est la plus forte du côté rouge du spectre, y compris au-delà de la zone de lumière visible, là où il n'y avait plus de lumière. C'était la première expérience montrant que la chaleur pouvait se transmettre indépendamment d'une lumière visible (ce phénomène était parfois appelé à l'époque la *chaleur obscure* ou *rayonnement sombre*).

Il a ainsi montré qu'un prisme pouvait dévier un rayon calorique [5].

FIGURE 1-2 William Herschel

L'Infrarouge (IR) est une onde électromagnétique de longueur d'onde supérieure à celle de la lumière visible mais plus courte que celle des micro-ondes. Le nom signifie « en-deçà du rouge » (du latin infra : « en-deçà de »), le rouge étant la couleur de longueur d'onde la plus grande de la lumière visible. Le spectre IR est compris entre 700 nm et 1 mm en termes de longueur d'onde. Il est souvent subdivisé en IR proche (0.7 - 5 µm), IR moyen (5 - 30 µm) et IR lointain (30 - 1000 µm). Toutefois, ces classifications varient d'un domaine de recherche à un autre.

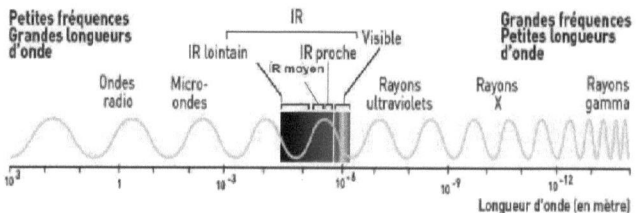

FIGURE 1-3 Spectre électromagnétique

1.7.1 Infrarouge proche

L'IR proche reste visible pour les composants à jonction électronique (i.e. diodes, transistors). Il est facilement transférable dans l'atmosphère, à une distance de quelques mètres, sans qu'il ne soit ni perturbé ni gênant pour l'homme. Les télécommandes d'appareil Hi-Fi et vidéo opèrent avec cette technique. Depuis quelques années, les semi-conducteurs sont utilisés dans la communication numérique haut débit. Les informations sont transportées dans une fibre optique avec de la lumière proche IR (il est possible d'avoir plusieurs longueurs d'ondes dans une fibre optique simultanément). Vers la fin du domaine de l'IR proche, l'énergie calorifique est plus dense. Ces longueurs d'ondes sont utilisées dans de nombreuses applications de chauffage dans l'industrie, cuisson alimentaire, séchage des peintures sur les carrosseries, fonte contrôlée des matières plastiques, etc. Le célèbre satellite d'observation « Hubble » utilise le rayonnement IR proche pour observer les astres de l'univers proche et lointain.

1.7.2 Infrarouge moyen

L'IR moyen contient de l'énergie calorifique. Elle est souvent produite par des sources de chaleur. Les chauffages à rayonnement IR utilisent beaucoup ces ondes. Enfin, les météorologues, à l'aide de satellites géostationnaires, peuvent surveiller les conditions climatiques de notre planète et prévoir les changements de température. Les planètes, comètes et astéroïdes laissent des empreintes thermiques perceptibles par nos satellites dans l'IR moyen.

1.7.3 Infrarouge lointain

L'IR lointain est difficile à mesurer vue que ce rayonnement tend vers les ondes radio. Il faut donc mesurer les ondes et non plus la « lumière » (ou l'énergie de la « lumière »). Le centre des galaxies est détecté par exemple avec l'IR lointain.

Certains auteurs classent les domaines IR en seulement deux parties, l'IR proche (0.8 µm - 5 µm) et lointain (5 µm - 1000 µm). Dans tous les cas, les longueurs d'ondes se situant au début (proche du rouge) et au milieu du spectre IR sont très utilisées dans de nombreux domaines, alors que la partie lointaine du spectre IR reste peu utilisée par le manque de moyens techniques.

1.8 Méthode flash et estimation de la diffusivité thermique

La méthode flash est la méthode de mesure de la diffusivité thermique la plus connue et la plus utilisée. Elle fut proposée en 1961 par Parker [6]. Elle a fait l'objet de nombreux développements liés aux méthodes de calcul et d'estimation de paramètres, aux dispositifs d'acquisition et de traitement des données. Cette méthode de laboratoire, qui peut être mise en œuvre simplement et sans contact, est de plus en plus envisagée comme outil de contrôle industriel [1].

1.8.1 Diffusivité thermique

La diffusivité thermique est une grandeur physique qui caractérise la capacité d'un matériau à transmettre la chaleur d'un point à un autre. Elle dépend de la capacité du matériau à conduire la chaleur (sa conductivité thermique) et de sa capacité à accumuler la chaleur (sa chaleur massique). La diffusivité thermique est souvent désignée par la lettre a :

$$a = \frac{\lambda}{\rho c} \; (m^2.s^{-1}) \tag{1.3}$$

Où :

λ est la conductivité thermique du matériau [W·m^{-1}·K^{-1}]
ρ est la masse volumique du matériau [kg.m^{-3}]
c est la chaleur massique du matériau [J.kg^{-1}.K^{-1}]

La connaissance de ce paramètre est essentielle pour résoudre de nombreux problèmes de transfert thermique. Elle permet en outre d'accéder indirectement à la conductivité thermique lorsque la capacité thermique massique et la masse volumique sont connues. En pratique, la diffusivité thermique est mesurée pour accroître la connaissance des propriétés d'un matériau, dans le but de l'améliorer vis-à-vis d'une application spécifique ou pour pouvoir calculer les champs thermiques dans des systèmes plus ou moins complexes dont il est un des constituants [7].

1.8.2 Principe de la méthode flash

Le principe de cette méthode consiste à soumettre la face avant d'un échantillon plan à une impulsion de flux de chaleur de courte durée et à observer l'évolution temporelle de la température (appelée thermogramme, T(t)) en un ou plusieurs points de la face arrière de l'échantillon. Si l'impulsion s'approche d'une impulsion de Dirac, c'est-à-dire si sa durée peut être supposée infiniment courte, alors l'analyse d'une réponse en température en un seul point de l'échantillon suffit pour estimer la diffusivité thermique. Celle-ci est alors déterminée par la confrontation du thermogramme obtenu expérimentalement avec un thermogramme théorique issu d'un modèle. La méthode flash n'est pas la seule méthode de mesure de la diffusivité thermique. D'autres méthodes consistant à effectuer une excitation périodique de l'échantillon ont été développées [8]. Le fait d'exciter l'échantillon par un flash permet de solliciter simultanément toutes les fréquences caractéristiques de l'échantillon ou du système et conduit en général à une analyse plus rapide. Par contre, cette méthode est très sensible aux bruits de mesure.

1.8.3 Application de la méthode flash

La méthode flash est appliquée à des domaines de plus en plus nombreux, comme la mesure des milieux anisotropes, des milieux ou systèmes hétérogènes complexes, des milieux poreux humides, des liquides ou encore des milieux semi-transparents. En 1975, Taylor et Donaldson [9] ont proposé d'étendre l'usage de méthode flash à la caractérisation de matériaux anisotropes en soumettant l'échantillon à une excitation localisée. Une amélioration théorique et expérimentale de l'expérience a été proposée par Lachi et al. en 1991 [2]. La mise en œuvre reste cependant délicate car en travaillant dans l'espace réel et la mesure étant réalisée souvent par contact, la méthode est très sensible au positionnement des capteurs, ainsi qu'à la taille et à la forme de l'excitation. Pour améliorer la mesure dans le sens du plan, différents auteurs comme Katayama [10] ont proposé de travailler sur des échantillons plans, de faible épaisseur et de grande extension L. La diffusivité est alors obtenue en prenant le rapport de deux températures mesurées en un même point mais à des instants différents ou bien le rapport des évolutions temporelles de deux températures, mesurées en deux points différents. Le principal inconvénient de ces méthodes est qu'elles supposent connu le flux de chaleur. Kavianipour et Beck [11] en 1977 ont montré qu'il était possible de s'affranchir de la forme temporelle de l'excitation flash en utilisant une transformation de Laplace. Cette idée a été ensuite reprise par Hadisaroyo [12] en 1992 en prenant en compte les pertes thermiques latérales. Enfin, en 1994 Philippi et al. [3] ont montré, en utilisant une caméra IR et une transformation de Fourier en espace, qu'il était possible de s'affranchir de la forme spatiale de l'excitation flash.

1.9 Résolution temporelle des caméras IR et détection hétérodyne

La résolution temporelle d'une caméra IR représente sa capacité à acquérir des phénomènes transitoires de hautes fréquences. Cette caractéristique peut être d'une grande utilité dans le domaine des micro-échelles tel que l'étude de comportement thermique des puces électroniques, micro- processeurs et de l'analyse des phénomènes thermo-physiques ultra rapides. La fréquence d'acquisition des caméras IR est toutefois limitée, selon la taille des images IR, le temps d'intégration et le type de stockage des données (i.e. mémoire vive). Concernant notre caméra IR par exemple, sa fréquence d'acquisition est réglable entre 1 et 90 images/s en format pleine image (i.e. 512 x 640 pixels) jusqu'à 900 images/s en image réduite (i.e. 128 x 64 pixels). Le suivi de phénomènes thermiques de l'ordre de la milliseconde par exemple s'avère donc difficile à atteindre a priori. Pour remédier à cela, la méthode stroboscopique ou hétérodyne s'avère très pertinente pourvu que les phénomènes sous investigation soient périodiques [13]. L'application du principe de détection hétérodyne pour l'amélioration de la résolution temporelle des caméras IR est le premier objectif de notre projet de maîtrise. Suite au constat de l'inexistence de techniques de mesure sans contact pour le suivi de phénomènes thermiques périodiques dont la fréquence caractéristique se situe entre la dizaine de Hz et le kHz, nous présenterons dans le chapitre 2 les principes de base de la méthode d'hétérodynage. Nous montrerons que cette méthode est issue simplement des techniques de stroboscopie qui permettent de ralentir artificiellement un phénomène périodique haute fréquence. A cet effet, nous réaliserons un système hétérodyne et montrerons ensuite les premières vérifications expérimentales. Notre démarche a été réalisée en s'inspirant des techniques hétérodynes déjà développées pour la thermo-réflectance. Nous avons donc couplé des idées provenant des travaux de Grauby et al. [14, 15], Tessier et al. [16], et Pradère et al. [17]. L'idée est relativement simple : elle consiste à bénéficier de la répétabilité offerte par les méthodes modulées et les avantages liés à des mesures de champ de températures par caméras IR.

1.10 Conclusion

Dans ce chapitre, on a abordé quelques aspects théoriques de la thermographie IR et du rayonnement thermique. La connaissance des différents domaines du spectre IR comme l'IR proche, moyen et lointain nous permet de mieux connaitre les spécificités de chaque domaine et de choisir les caméras adéquates pour l'étude du phénomène en question.

L'étude bibliographique des différents aspects de la méthode flash en thermophysique ainsi que de la résolution temporelle des caméras IR ont bien amélioré nos connaissances et cela était très bénéfique pour mettre au point ce projet de recherche.

Pour ce qui va suivre, on réalisera une étude détaillée pour ce qui est de l'approche hétérodyne appliquée à la détection IR en mettant en pratique toutes les connaissances théoriques. Nous aborderons les nombreux défis liés au montage expérimental et aux limites de la caméra IR Phœnix de FLIR Systems.

Chapitre 2

Approche hétérodyne pour l'amélioration de la résolution temporelle des caméras infrarouges

Application au design thermique des puces microélectroniques

Les caméras actuelles que ce soit dans le visible ou l'infrarouge sont de plus en plus rapides néanmoins leurs vitesses ne dépassent guère quelques kHz, ajouter à cela leurs prix excessifs, ces vitesses ultra-rapides impliquent une baisse considérable de la résolution spatiale des caméras. D'où l'intérêt d'utiliser une méthode hétérodyne pour l'amélioration de la résolution temporelle des caméras. Cela permet d'avoir des vitesses d'acquisition très élevées tout en ayant une excellente résolution spatiale pour le moins que le phénomène soit périodique. Nous allons développer cette technique en détail dans le chapitre qui suit.

2.1 Principe de l'hétérodynage

L'électronique actuelle est de plus en plus miniaturisée et opère à des fréquences de plus en plus élevées. L'étude de son comportement thermique aux hautes fréquences ne peut être réalisée même avec les plus performantes des caméras IR, pour pallier à cette difficulté, nous avons opté à adopter le principe de détection hétérodyne à notre système d'acquisition d'images infrarouges. Afin de mettre en œuvre ce principe, nous l'avons d'abord appliqué à un système d'acquisition IR passif. L'objectif de ce dernier étant d'observer dans le temps et dans l'espace les gradients thermiques développés dans des puces microélectroniques chauffées par effet Joule. Plus concrètement, l'application consiste en l'excitation électrique d'une micro-résistance en silicium polycristallin dans un circuit intégré [Annexe D]. L'hétérodynage consiste ici en l'excitation de la puce résistive avec une fréquence f_{exc} différente et non multiple de la fréquence d'acquisition de la caméra f_{cam}. L'objectif étant d'obtenir un point de mesure différent pour chaque cycle ou période ce qui après reconstitution nous permet d'obtenir plusieurs points de mesures à l'intérieur d'une période. La conséquence est une fréquence temporelle d'acquisition nettement plus importante que la fréquence réelle de la caméra.

En notant Δf le résidu de la fraction f_{exc}/f_{cam}, on obtient l'équation 2.1 [18] :

$$f_{exc} = q \cdot f_{cam} + \Delta f \qquad (2.1)$$

Où $q \in \mathbb{N}$

Pour qu'il y ait hétérodynage, il faut que $\Delta f \neq 0$

Ou encore $$f_{exc} = f_{cam}(q + \frac{\Delta f}{f_{cam}}) \qquad (2.2)$$

On note $\Delta f = \frac{f_{cam}}{N}$ avec $N \in \mathbb{N}$

$$f_{exc} = (q + \frac{1}{N})f_{cam} \qquad (2.3)$$

N représente le nombre de points acquis par la caméra en un cycle d'excitation de la puce résistive après reconstitution. Ces points acquis nous amènent à définir une troisième fréquence qui est la fréquence d'acquisition f_{het} issue de l'hétérodynage. Elle est reliée à la fréquence d'excitation par la relation :

$$f_{het} = N \times f_{exc} \tag{2.4}$$

Il est important de souligner ici que la fréquence d'hétérodynage ne peut pas être aussi élevée que l'on souhaite. Elle est contrainte par le temps d'intégration minimal qui puisse être ajusté pour la caméra IR. Une analyse plus détaillée sur ce point est réalisée plus loin, au paragraphe c) de la section 5.

Par ailleurs, pour appliquer la technique d'hétérodynage, la condition de Shannon doit être respectée. La fréquence d'échantillonnage du signal thermique est f_{het}, cette fréquence doit être supérieure au double de la fréquence d'excitation f_{exc}.

Soit
$$f_{het} \geq 2f_{exc} \tag{2.5}$$
ce qui implique $\quad\quad\quad\quad N \geq 2$

Dans la pratique, cette condition est d'office respectée vu que pour qu'il y ait hétérodynage, il faut que $N > 1$.

Exemple 1
La figure 2.1 montre le principe d'acquisition hétérodyne pour $q = 1, N = 4$

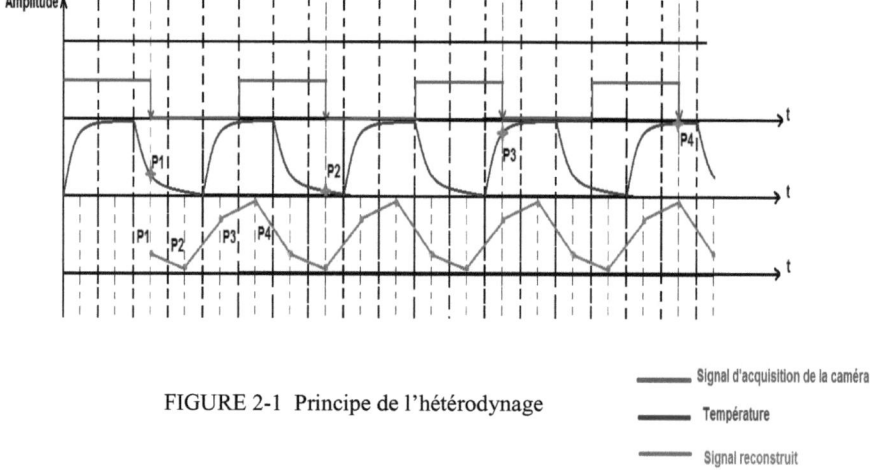

FIGURE 2-1 Principe de l'hétérodynage

Exemple 2
La figure 2.2 montre un exemple numérique du principe d'hétérodynage $q = 4, N = 25$

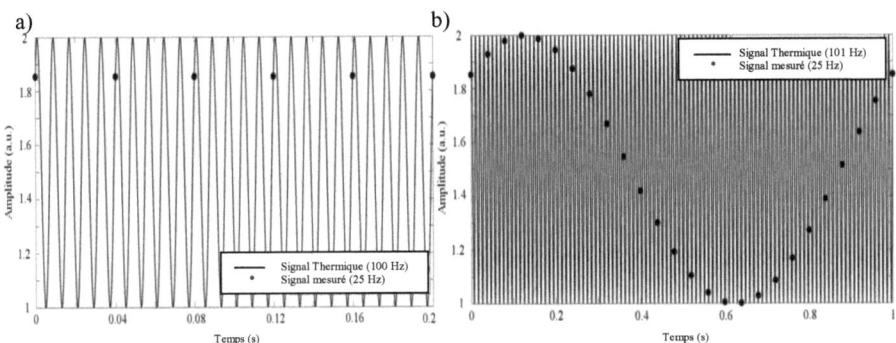

FIGURE 2-2 a) Cas où Δf est nul entre f_{exc} et f_{cam}, b) Cas où Δf est différent de zéro entre f_{exc} et f_{cam} (Équation 2.1) [18].

2.2 Mise en œuvre expérimentale et analyse de l'acquisition par hétérodynage

Pour implémenter la détection hétérodyne, il faut générer deux signaux électriques, l'un pour contrôler la fréquence d'acquisition de la caméra et l'autre pour exciter la puce résistive et cela en les déclenchant au même instant afin de connaitre avec précision l'origine temporelle (i.e. t = 0 s) du signal thermique. Un premier signal à la fréquence f_{exc} pour stimuler électriquement la micro-résistance, un deuxième signal à la fréquence f_{cam} pour contrôler la fréquence d'acquisition de la caméra (Figure 2.3). Les deux fréquences sont choisies selon l'équation 2.3.

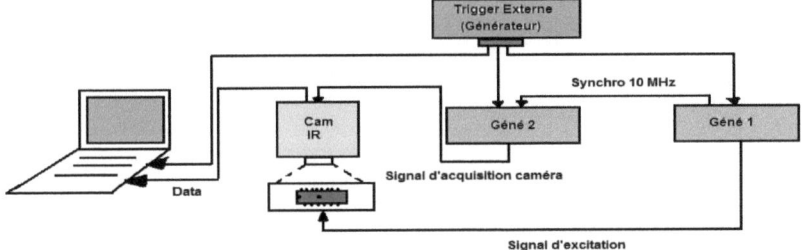

FIGURE 2-3 Montage hétérodyne

(Voir Annexe E pour de plus amples détails)

Trigger Externe (Générateur)	Agilent 33120 A 15 MHz
Générateur 1	Agilent 33220 A 20 MHz
Générateur 2	Agilent 33220 A 20 MHz
Caméra IR	Phoenix MWIR (3-5µm) FLIR
Lentille IR macro	ASIO 4.0X
Puce résistive	Circuit intégré [Voir Annexe D]

TABLEAU 2-1 Matériel utilisé [Annexe B]

L'idée consiste à faire démarrer les deux générateurs (Géné 1 et Géné 2). Pour cela on a choisi d'utiliser un trigger externe. Or l'enregistrement de la scène acquise ne pouvait se faire sans que l'acquisition ne soit déjà en marche. Pour résoudre ce problème, d'abord nous avons opté à démarrer le générateur 2 qui contrôle la fréquence de la caméra au front descendant du trigger externe et le générateur 1 qui contrôle la fréquence du signal d'excitation ainsi que le début de l'enregistrement de la caméra au front montant du trigger externe. Par ailleurs, il faut que la largeur de l'impulsion du trigger externe soit un diviseur de la fréquence d'acquisition de la caméra, ce qui permet une parfaite synchronisation des signaux S1 et S2 (Figure 2.4). Dans notre cas, nous avons choisi une largeur de l'impulsion du trigger de 0.25 s et une fréquence d'acquisition de la caméra de 20 Hz.

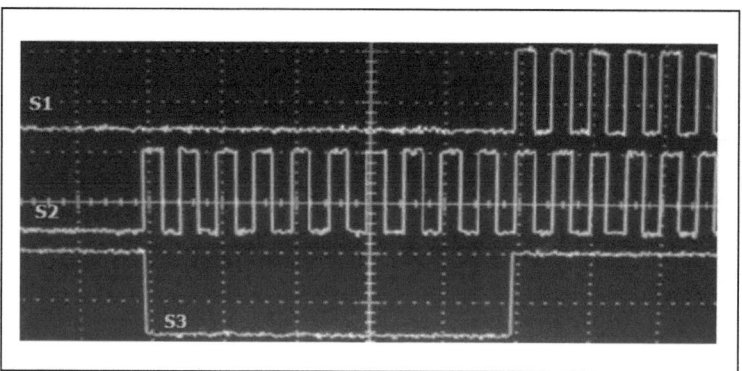

FIGURE 2-4 Image des trois signaux sur l'oscilloscope

Source	Signal	Destination
Géné 1	S1	Puce résistive
Géné 2	S2 (TTL)	Caméra IR
Trigger externe	S3 (TTL)	Géné 1+ Ordinateur / Géné 2

TABLEAU 2-2 Définition des signaux

Dans la figure 2-4, **S2** représente le signal qui contrôle la caméra IR qui démarre au front descendant du trigger externe, **S1** est le signal d'excitation de la résistance qui démarre au front montant du trigger externe au même moment que le démarrage de l'enregistrement de la scène. En réalité, l'enregistrement se fait au front descendant du signal S2 envoyé à la caméra alors que l'on « trig » la caméra au front montant. Vu que la largeur de l'impulsion **S3** est un diviseur de la fréquence de la caméra IR, c'est comme si on avait translaté l'origine du temps au front montant du trigger externe.

a) Caméra Phœnix MWIR de FLIR   b) Lentille ASIO 4 X

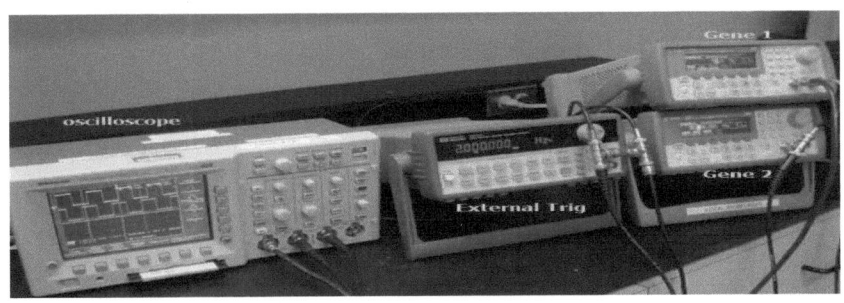

c) Image globale des connexions entre les générateurs et l'oscilloscope

FIGURE 2-5 Montage hétérodyne

On réfère le lecteur à l'Annexe E pour plus de détails sur le montage y compris les connexions avec l'ordinateur et le contrôleur de la caméra.

La figure 2.5-c montre une photo du montage hétérodyne ; on voit bien les deux générateurs Agilent 33220 A 20 MHz ainsi que le trigger externe qui n'est rien d'autre qu'un autre générateur de type Agilent 33120 A 15 MHz. Durant la manipulation, les différents signaux sont visualisés sur un oscilloscope numérique Tektronix TDS3034B ayant une bande passante de 300 MHz.

La figure 2.5-a montre le montage de la caméra Phœnix, cette dernière est fixée sur des morceaux de liège pour amortir les vibrations dues au système de refroidissement de type

Stirling de la caméra. L'amortissement des vibrations est nécessaire en particulier lorsque l'on désire investiguer des scènes à l'échelle du micron. L'utilisation de la lentille Macro ASIO 4.0X donne une résolution spatiale de 6.25 μm par pixel ce qui est suffisant pour une bonne visualisation des micro-puces (Figure 2-6).

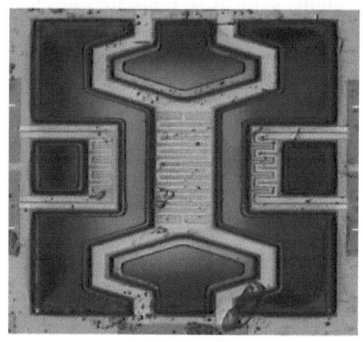
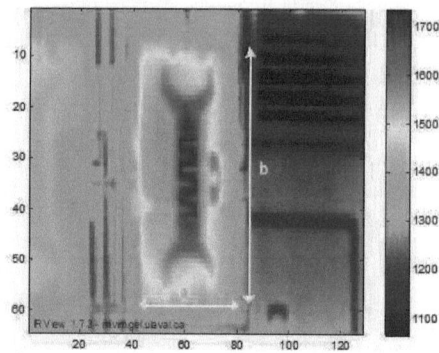

a) Image visible de la micro-résistance   b) Image IR de la micro-résistance

FIGURE 2-6 Image de la puce à micro-résistance

(a = 200 μm, b = 275 μm)

La résolution spatiale bien qu'imparfaite, montre avec un bon détail la structure en serpentin de la micro-résistance (Figure 2.6).

2.2.1 Nécessité de l'Option 001

On a remarqué que deux signaux de même fréquence produits par des générateurs identiques présentaient un certain décalage en fréquence surtout à haute fréquence ; pour remédier à cela, on a utilisé l'option 001 : une synchro 10 MHz qui permet de générer les signaux via la même horloge. Ce qui permet un ajustement précis du Δf [Annexe B3].

2.3 Étude de l'influence du temps d'intégration sur l'acquisition des images

On a jugé important d'analyser l'influence du temps d'intégration de la caméra sur la fréquence d'acquisition, on a obtenu les résultats suivants : on remarque que pour la fenêtre 128x64 pixels, le temps d'intégration maximum varie de façon non linéaire comme le montre la figure 2.7.

Fréquence de la caméra (Hz)	10	20	30	40	50	60	70	80	90	100
Période de la caméra (ms)	100	50	33.3	25	20	16.7	14.3	12.5	11.1	10
Temps d'intégration maximum (ms)	99.5	49.5	32.9	24.5	19.5	16.2	13.8	12	10.6	9.5
	200	300	400	500	600	700	800	900	1000	
Suite	5	3.4	2.5	2	1.7	1.45	1.25	1.1	1	
	4.5	2.9	2	1.5	1.2	1	0.7	0.6	0.4	

TABLEAU 2-3 Influence du temps d'intégration sur la fréquence d'acquisition de la caméra IR

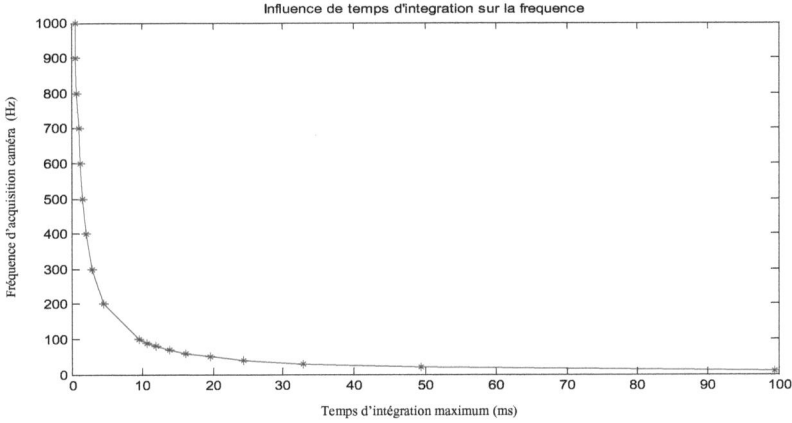

FIGURE 2-7 Courbe de la fréquence d'acquisition en fonction du temps d'intégration

Il est important de savoir que le temps d'intégration maximum c'est le temps au-delà duquel la fréquence d'acquisition de la caméra est perturbée. Cela pourrait être dû à un chevauchement entre l'acquisition et le moyennage de l'image qui est le temps d'exposition (i.e. temps d'intégration) du capteur au rayonnement infrarouge.

2.4 Problématique de l'origine du temps

2.4.1 Introduction

L'enjeu est de détecter le moment précis de la réponse thermique par rapport à un signal d'excitation. Réussir cela n'est pas une chose aisée, vu les différents paramètres qui entrent en jeu, comme le temps de réponse de chaque équipement suite au trigger externe ainsi que le temps de traitement nécessaire pour les différents appareils et logiciels utilisés. Sans oublier d'autres paramètres tel que le comportement aléatoire que peut avoir une acquisition par la caméra IR. En effet, le pas de temps utilisé lors de l'acquisition n'est pas forcément constant à travers la séquence d'images pour une fréquence d'acquisition fixe, de légères variations peuvent avoir lieu.

Ce qu'on a fait est une approche pour résoudre le problème de l'origine du temps, cette dernière est très intéressante et donne des résultats assez précis.

2.4.2 Temps de retard t_d de l'enregistrement de la scène

On a conclu après plusieurs essais qu'il y avait un délai entre la première image enregistrée par l'interface RDAC (Logiciel d'acquisition de la caméra Phœnix) et le déclenchement de l'enregistrement; ce temps de retard dépendait de la taille de l'image, la fréquence de la caméra f_{cam} et du temps d'intégration. On a enregistré ce retard pour une fenêtre image de taille 128x64 pixels et pour un temps d'intégration de 20 µs; cela a donné les résultats suivants :

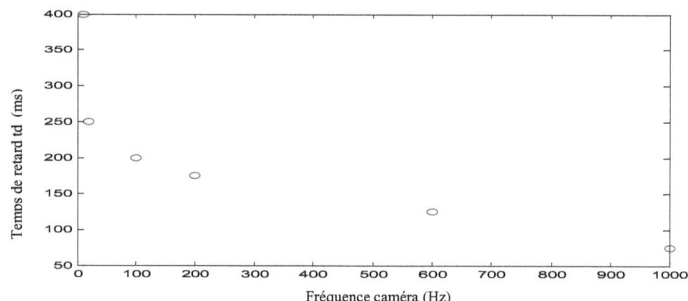

FIGURE 2-8 Temps de retard, t_d vs. fréquence de la caméra, f_{cam}
pour une fenêtre image de taille 128x64 pixels et un temps d'intégration de 20µs

f_{cam} (Hz)	10	20	100	200	600	1000
t_d (ms)	400	250	150	175	125	75

TABLEAU 2-4 Délai de retard de l'enregistrement, t_d

On constate que le temps de retard diminue quand la fréquence d'acquisition de la caméra augmente. On constate aussi que ce dernier est un multiple de la période du signal d'acquisition S2 et reste stable pour une fréquence caméra et fenêtre d'image fixes. Car c'est le laps du temps entre un ou plusieurs fronts descendants, en effet, la caméra fait l'acquisition au front descendant. En approfondissant l'analyse, on constate que lorsque l'on démarre l'enregistrement ce délai de retard est comptabilisé à partir du premier front descendant du signal caméra qui suit le déclenchement. Ce problème peut être facilement résolu car les délais de retard sont affichés par l'interface RDAC [Voir Annexe E]. On en déduit que le retard temporel dans le cas d'un signal carré de la première image enregistrée par rapport au plus proche front descendant de l'excitation de la puce peut être estimé par la formule 2.6 [Voir démonstration Annexe F] :

$$\Delta t = \frac{(t_d + T_{cam}/2)}{N+1} \, mod[T_{exc}] \qquad (2.6)$$

t_d : Délai de retard du démarrage de l'enregistrement donné par l'interface RDAC.
T_{cam} : Période d'acquisition de la caméra.
T_{exc} : Période d'excitation de la puce.

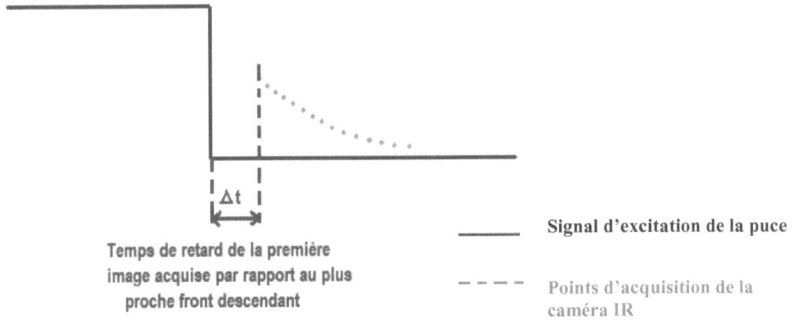

FIGURE 2-9 Temps de retard, Δt

2.5 Application du montage hétérodyne

On utilise le montage présenté dans la figure 2.3 en imposant à la caméra une fréquence d'acquisition de 20 Hz et en variant à chaque fois Δf pour modifier le nombre de points N désiré. On compare à chaque fois les résultats obtenus avec et sans acquisition hétérodyne. Le fait d'utiliser une fréquence faible, 20 Hz, pour l'excitation de la puce nous permet d'atteindre des fréquences d'acquisition f_{het} très élevées, et ce, en ayant une large marge de manœuvre pour surmonter les limitations de l'acquisition hétérodyne. Ces dernières sont dues aux contraintes posées par le temps d'intégration et à la capacité mémoire de l'ordinateur.

a) Acquisition sans hétérodyne

La figure 2.10 montre une acquisition réalisée sans hétérodynage avec la fréquence d'acquisition maximale de la caméra IR, soit 1000 Hz.

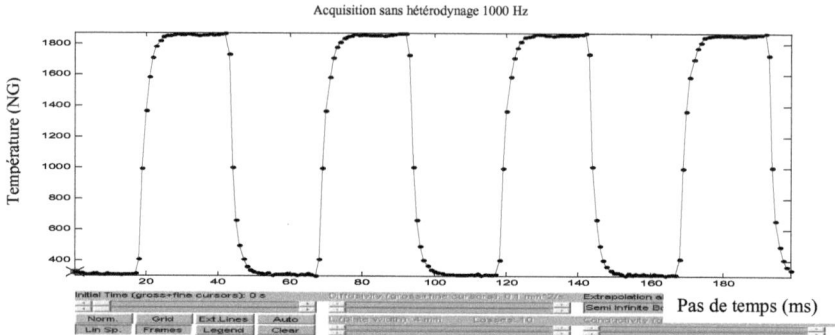

FIGURE 2-10 Acquisition sans hétérodynage à 1000 Hz

Température (en Niveaux de Gris : NG) vs. images

Fenêtre	128x64 pixels
Temps d'intégration	0.4 ms
NUC	Nuc-4X-0.4ms-128x64
Fréquence d'excitation de la puce, f_{exc}	20 Hz
Fréquence d'acquisition de la caméra, f_{cam}	1000 Hz

TABLEAU 2-5 Acquisition sans hétérodynage

b) Acquisition hétérodyne pour différents *N*

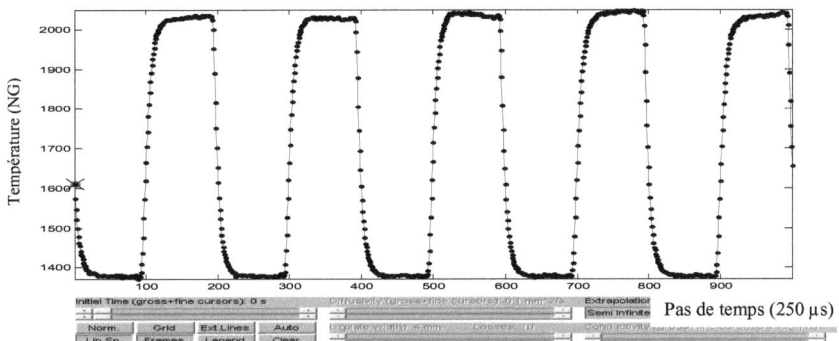
Pas de temps (250 µs)

FIGURE 2-11 Acquisition hétérodyne N = 200 (250 µs par trame)
Température (NG) vs. images

Fenêtre	128x64 pixels
NUC	Nuc-4X-20µs-128x64
Temps d'intégration	20 µs
f_{cam}	20 Hz
f_{exc}	20.1 Hz
f_{het}	4 kHz
t_d	250 ms
Δt	1.368 ms

TABLEAU 2-6 Acquisition hétérodyne N = 200

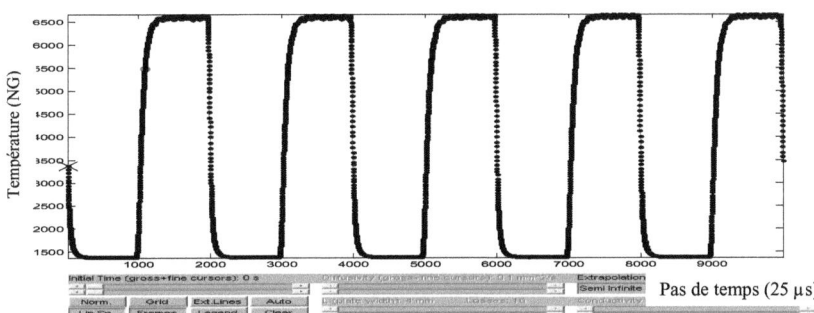
Pas de temps (25 µs)

FIGURE 2-12 Acquisition hétérodyne N = 2000 (25 µs par trame)

Température (NG) vs. images

Fenêtre	128x64 pixels
NUC	Nuc-4X-20µs-128x64
Temps d'intégration	20 µs
f_{cam}	20 Hz
f_{exc}	20.01 Hz
f_{het}	40 kHz
t_d	250 ms
Δt	137 µs

TABLEAU 2-7 Acquisition hétérodyne N = 2000

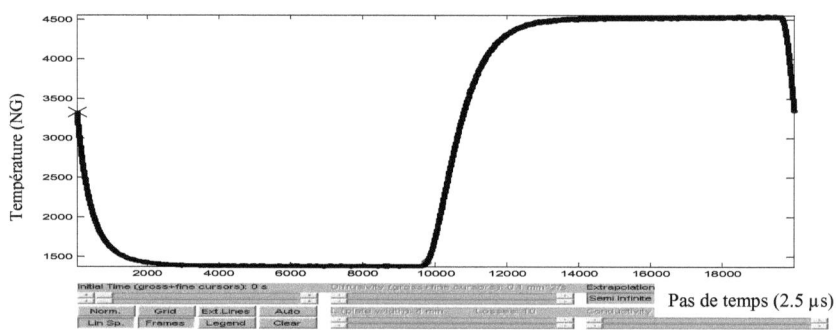

FIGURE 2-13 Acquisition hétérodyne N = 20 000 (2.5 µs par trame)

Température (NG) vs. images

Fenêtre	128x64 pixels
NUC	Nuc-4X-20µs-128x64
Temps d'intégration	20 µs
f_{cam}	20 Hz
f_{exc}	20.001 Hz
f_{het}	400 kHz
t_d	250 ms
Δt	14 µs

TABLEAU 2-8 Acquisition hétérodyne N = 20 000

c) Effet du temps d'intégration sur le pas d'hétérodynage

La figure 2.14 montre un schéma d'une acquisition réalisée avec un temps d'intégration (TI) inférieur au pas d'hétérodynage.

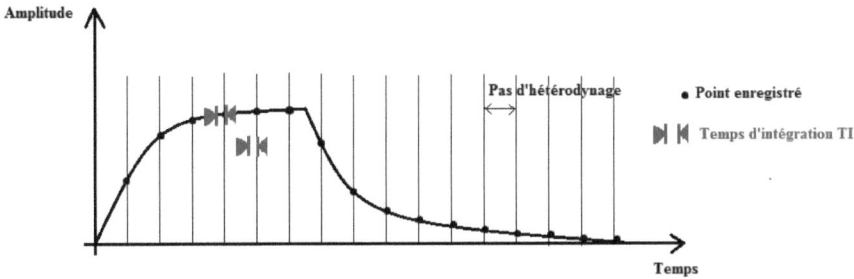

FIGURE 2-14   Acquisition hétérodyne avec un temps d'intégration inférieur au pas d'hétérodynage

Dans cette figure, on remarque que le point enregistré est la moyenne mesurée sur l'intervalle TI. Il faut noter aussi que plus cet intervalle TI est petit, plus le point enregistré est proche du point réel du signal qu'on veut mesurer.

La figure 2.15 montre un schéma d'une acquisition réalisée cette fois-ci avec un temps d'intégration supérieur au pas d'hétérodynage.

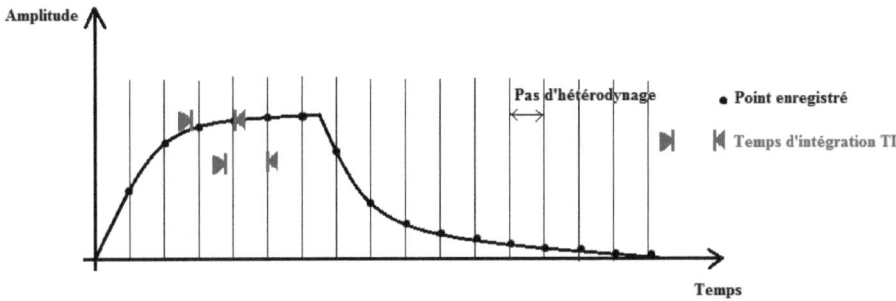

FIGURE 2-15 Acquisition hétérodyne avec un temps d'intégration supérieur au pas d'hétérodynage

Dans cette figure, le point enregistré est toujours la moyenne mesurée sur l'intervalle TI. Néanmoins, on remarque un chevauchement entre deux intervalles TI successifs. Cela engendre une sorte de filtrage qui favorise la perte d'information aux hautes fréquences. La figure 2.16 montre une simulation Matlab des deux cas d'acquisition précités. La simulation porte sur un signal thermique simulé de forme carrée (Figure 2-16-a), donc ayant un contenu fréquentiel important aux hautes fréquences.

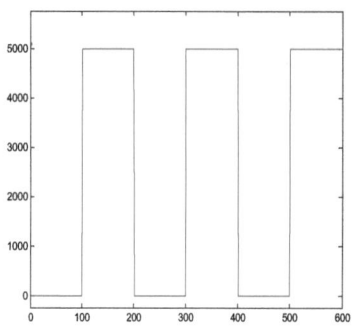
a) Signal original de température

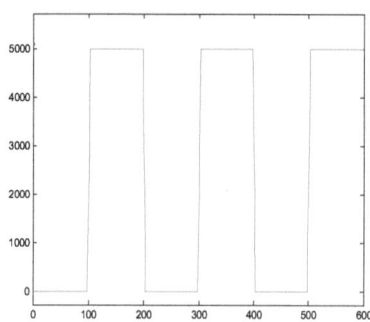
b) Acquisition avec un temps d'intégration inférieur au pas d'hétérodynage

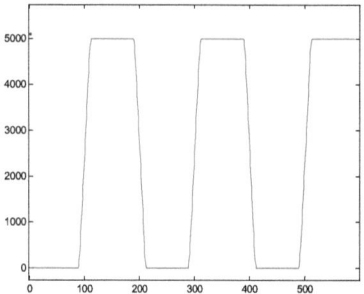
c) Acquisition avec un temps d'intégration supérieur au pas d'hétérodynage

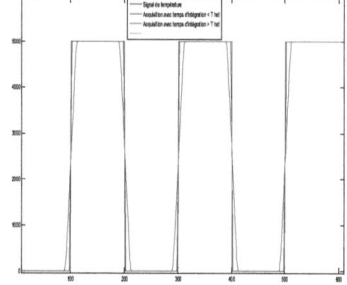
d) Superposition des trois signaux

FIGURE 2-16 Simulation Matlab de l'effet du temps d'intégration sur le contenu fréquentiel des signaux acquis par hétérodynage

Analyse

En conclusion, on peut dire que lorsque le temps d'intégration est inférieur au pas d'hétérodynage, l'acquisition est presque superposable sur le phénomène thermique analysé. Alors que si le temps d'intégration est supérieur au pas d'hétérodynage, les courbes réelles sont grandement adoucies (i.e. filtrage des hautes fréquences) et ne sont plus superposables au phénomène analysé. Ce qui pourrait expliquer l'acquisition de la courbe présentée à la figure 2.13 obtenue pour un pas d'hétérodynage de 2.5 µs et un temps d'intégration bien supérieur de 25 µs. Le moyennage dû à TI constitue donc une limitation évidente à la bande passante qui pourrait être atteinte via une acquisition hétérodyne selon l'équation 2.4.

d) Acquisition hétérodyne pour une excitation à 600.2 Hz

Il s'agit ici d'un exemple d'application de l'hétérodynage à une transition thermique très rapide de la même puce électronique étudiée auparavant. Cette fois-ci, la puce résistive [Annexe D] est excitée par un signal carré périodique de fréquence 600.2 Hz ; la fréquence d'acquisition de la caméra IR est maintenue à 20 Hz. On obtient le résultat suivant :

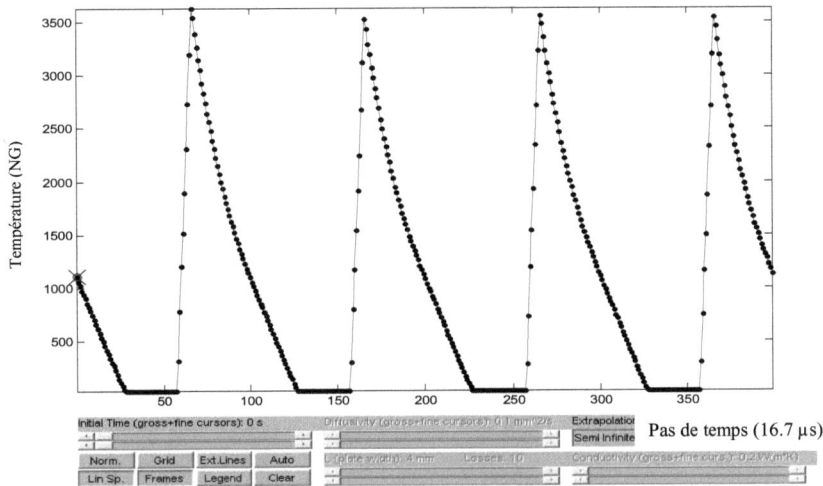

FIGURE 2-17   Acquisition hétérodyne N = 100 (16.7 µs par trame)
Température (NG) vs. images

Fenêtre	128x64 pixels
NUC	Nuc-4X-20µs-128x64
Temps d'intégration	20 µs
Amplitude	3 V
Taux de modulation	10%
Fréquence du signal d'excitation f_{exc}	600.2 Hz
Fréquence caméra f_{cam}	20 Hz
Fréquence hétérodyne f_{het}	60 kHz
t_d	125 ms
$\Delta t'$ (Formule 2.7)	567 µs

TABLEAU 2-9 -Acquisition N = 100 avec excitation de la puce à 600.2 Hz

On constate que la courbe de température est saturée vers le bas, partie rectiligne horizontale de la courbe. Cela est dû au fait que le temps d'intégration de la caméra a été ajusté à son minimum, soit 20 µs ; les capteurs IR dans ce cas sont insensibles au rayonnement émis aux

« basses » températures. Il est par ailleurs important de noter que nous n'avions pas excité la puce résistive à des fréquences supérieures à 600 Hz ; la raison réside dans le fait qu'aux fréquences plus élevées la puce n'a pas suffisamment de temps pour refroidir ce qui fait que sa température augmente d'un cycle à l'autre. Ceci engendre une non-périodicité de la réponse thermique due à l'accumulation de la chaleur dans la puce résistive. La non-périodicité empêche dans ce cas l'usage d'une détection hétérodyne.

NB : Le calcul de Δt dans le cas d'un signal en train d'impulsions se fait de la même manière que pour un signal carré périodique symétrique [Voir démonstration Annexe F] :

$$\text{Soit} \qquad \Delta t' = \left\{\Delta t + \left(\frac{T_{exc}}{2} - t_l\right)\right\} mod[T_{exc}] \qquad (2.7)$$

T_{exc} : Période du signal d'excitation de la puce.
t_l : Durée de l'impulsion du signal d'excitation.
Δt : Calculé par l'équation 2.6.

Il est intéressant de noter que même avec une fréquence d'acquisition de la caméra de 20 Hz, on arrive à détecter la réponse thermique d'une excitation de fréquence autour de 600 Hz. Par ailleurs, en tenant compte du temps de retard $\Delta t'$, on peut connaitre avec précision l'origine des temps de la réponse thermique de la puce électronique et superposer le signal électrique d'excitation à la réponse thermique.

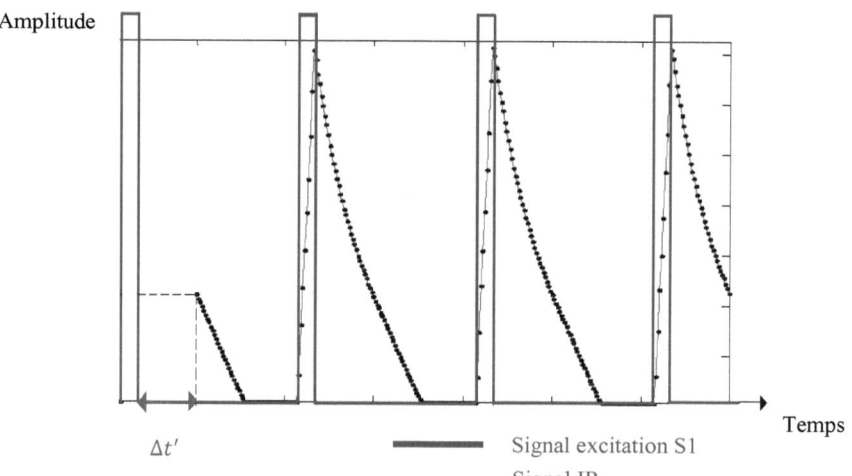

FIGURE 2-18 Superposition du signal électrique d'excitation à la réponse thermique de la puce électronique

2.6 Conclusion

D'après les résultats obtenus, on constate que l'hétérodynage appliqué aux caméras IR pour la détection de réponses de température donne d'excellents résultats. Il faut toutefois avoir une excitation thermique périodique pour appliquer cette technique.

Le seul contrôle du Δf entre la fréquence de la caméra et la fréquence d'excitation de la puce permet d'obtenir le nombre de points N voulus par cycle. Cela permet d'avoir une représentation très fidèle des phénomènes aux hautes fréquences.

La technique est très intéressante vu sa simplicité et son efficacité, elle permet à des caméras de faibles fréquences de détecter des réponses thermiques à hautes fréquences. Néanmoins la contrainte du temps d'intégration des caméras IR limite cette technique en la rendant inefficace lorsque le pas d'hétérodynage est de l'ordre du temps d'intégration minimum.

Un autre inconvénient serait parfois la longue durée des acquisitions (Voir chapitre suivant pour des applications de l'hétérodynage en thermophysique rapide).

Chapitre 3

Application de la détection hétérodyne à la thermophysique rapide par méthodes impulsionnelles

L'étude de la diffusion thermique rapide est un domaine plein de défis tant au niveau théorique qu'au niveau expérimental. Dans ce chapitre, nous utiliserons les méthodes impulsionnelles (i.e. méthodes flash) où une impulsion photonique (e.g. laser) est utilisée pour perturber l'équilibre thermique de l'échantillon sous investigation. Les échantillons étudiés ici ont été choisis pour leurs temps caractéristiques thermiques très faibles ; ainsi ils seront le siège de transitoires thermiques rapides favorisant la mise en œuvre de la détection hétérodyne développée au chapitre précédent. Par ailleurs, il est important de souligner qu'afin d'être fidèle aux modèles impulsionnels, une autre contrainte expérimentale survient : il faut que l'impulsion photonique utilisée soit assimilable à une impulsion de Dirac. Ceci n'est pas toujours évident en thermophysique rapide, nous utiliserons toutefois dans la mesure du possible des impulsions très courtes.

3.1 Introduction à l'estimation de la diffusivité thermique dans le sens de l'épaisseur par la méthode de Parker – Diffusion 1D

La diffusivité thermique est mesurée suivant plusieurs techniques, la plus célèbre est la méthode impulsionnelle, couramment appelée méthode flash. Cette méthode proposée par Parker et al en 1961 a connu un succès considérable. Dans le cas idéal où la durée de l'impulsion est faible, la distribution du flux homogène et les pertes thermiques négligeables. La température dans une échelle dont le zéro est la température initiale, est une fonction du seul nombre de Fourier relatif à l'échantillon [7] :

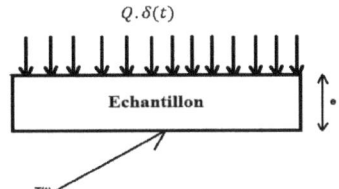

FIGURE 3-1 Schéma de principe de la méthode flash 1D

$$F_0 = at/e^2 \tag{3.1}$$

a : Diffusivité thermique de l'échantillon.
e : Épaisseur de l'échantillon.
t : Le temps.

on a $$\mathcal{F}(F_0) = 1 + 2\sum_{n=1}^{\infty}(-1)^n \exp(-n^2\pi^2 F_0) \tag{3.2}$$

avec $$\mathcal{F}(F_0) = \mathcal{F}\left(\frac{at}{e^2}\right) = \theta(t)$$

où $$\theta(t) = \frac{T(t)}{T_{max}} \tag{3.3}$$

d'où l'expression de la diffusivité [7] :

$$a = \frac{e^2}{t}\mathcal{F}^{-1}(\theta(t)) \tag{3.4}$$

Cas particulier pour $\theta(t) = 0.5$:

$$a = \frac{e^2}{t_{1/2}} \mathcal{F}^{-1}(0.5) \approx 0.139 \frac{e^2}{t_{1/2}} = a_{1/2} \quad (3.5)$$

Pour chaque valeur du temps, on peut en principe faire associer une valeur de diffusivité via l'équation 3.4. Cette valeur reste constante si les hypothèses précisées plus haut sont vérifiées. Mais en général, c'est l'équation 3.5 basée sur le temps d'occurrence de la moitié du maximum de la transitoire thermique qui est la plus utilisée ; ce point étant moins sensible au bruit de mesure. Par contre la méthode de Parker est un modèle très ancien qui ne peut étudier la diffusivité que dans le sens de l'épaisseur et ne tient pas compte des pertes de chaleur. Dans ce chapitre, on utilisera plutôt la méthode de Degiovanni qui est plus précise et tient compte des pertes pour l'estimation de la diffusivité dans l'épaisseur (flash 1D) et les méthodes de Lachi et Philippi pour la diffusivité radiale dans le plan (flash 2D).

3.2 Intégration de la détection hétérodyne au montage expérimental flash laser

Le montage consiste à utiliser le système hétérodyne mis au point dans le chapitre 2 et lui intégrer une source laser impulsionnelle [Annexe C] qui excitera l'échantillon à étudier (Figures 3.2 et 3.3).

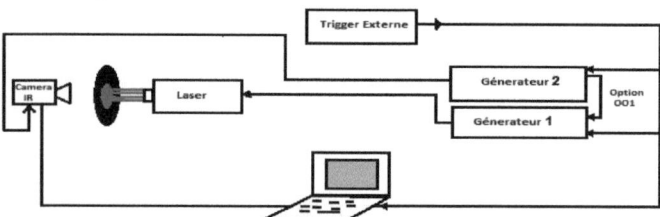

FIGURE 3-2 Montage hétérodyne pour l'application flash laser

Le montage expérimental sera le même pour les trois méthodes envisagées. La différence réside dans la forme spatiale de l'excitation laser. Le même échantillon en papier aluminium sera analysé par les trois méthodes.

		Forme	Diamètre	Largeur Ox	Longueur Oy	Épaisseur du papier aluminium	Épaisseur moyenne de la peinture	Épaisseur totale de l'échantillon
Méthode Degiovanni	Laser non focalisé	Circulaire	26 mm	-	-	50 µm	40.6 µm	131.2 µm
Méthode Lachi	Laser focalisé	Rectangulaire	-	133 mm	121 mm	50 µm	45 µm	140 µm
Méthode Philippi	Laser focalisé	Rectangulaire	-	80 mm	16 mm	50 µm	45 µm	140 µm

TABLEAU 3-1 Caractéristiques des échantillons en aluminium utilisés

NB : L'ajout de peinture noire permet une meilleure absorption de l'excitation laser et une meilleure capture des cartes thermiques par la caméra infrarouge.

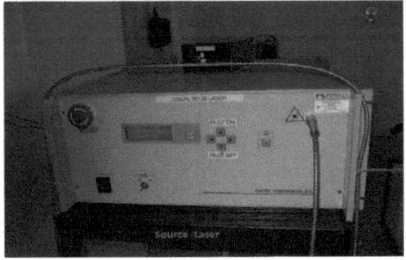

a) Source laser   b) Source laser et échantillon

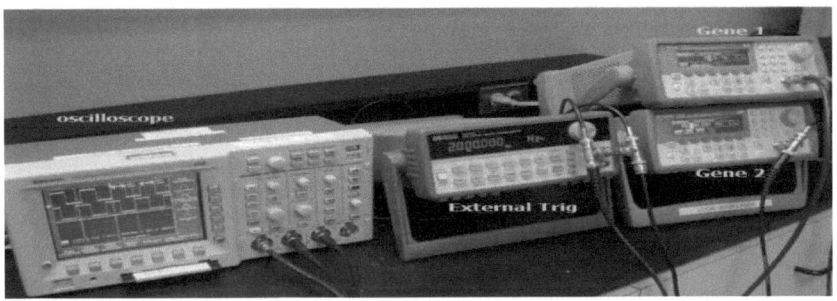

c) Connexions entre les générateurs et l'oscilloscope

FIGURE 3-3 Image globale du montage hétérodyne pour l'application flash laser

(Voir Annexe E pour de plus amples détails sur le montage)

Études expérimentales avec une excitation flash laser de forme circulaire

Nous étudierons la réponse thermique des échantillons en papier aluminium selon deux étapes : **i)** la première consiste à analyser la diffusion thermique dans le sens de l'épaisseur au paragraphe 3.3 en excitant l'échantillon sur toute sa surface (flash 1D) ; **ii)** la seconde consiste à analyser la diffusion thermique dans le plan au paragraphe 3.4 en excitant partiellement la surface de l'échantillon avec un laser focalisé sur un « spot » (flash 2D).

Étude expérimentale avec une excitation flash laser de forme linéaire

Nous étudierons également, pour des raisons de validation, la réponse thermique des mêmes échantillons en analysant la diffusion thermique dans le plan au paragraphe 3.5 en excitant partiellement la surface de l'échantillon avec un laser focalisé sur une ligne (flash 2D).

3.3 Estimation de la diffusivité dans l'épaisseur avec une manipulation flash laser non focalisée – Diffusion 1D

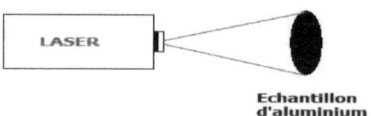

FIGURE 3-4 Laser non focalisé – Excitation de l'échantillon sur toute sa surface

Dans ce cas le flux laser excite la totalité de la surface de l'échantillon pour favoriser un transfert de chaleur dans le sens de l'épaisseur seulement. Dans toutes les expériences qui vont suivre (flash1D), on utilisera l'échantillon en papier aluminium fixé par un support en carton très isolant et cela dans les conditions suivantes :

Fenêtre d'acquisition	256x256 pixels
Temps d'intégration	0.4 ms
Lentille	ASIO 50 mm
Diamètre du laser non focalisé	24 mm
Distance échantillon / fibre optique	240 mm
Puissance du laser	30 W

TABLEAU 3-2 Conditions expérimentales

FIGURE 3-5 Échantillon en papier aluminium et son support

3.3.1 Acquisition sans hétérodynage pour une impulsion laser de 2 ms

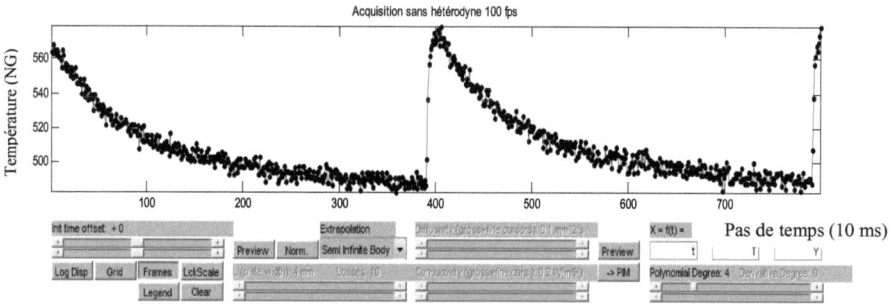

FIGURE 3-6 Acquisition sans hétérodynage pour une impulsion laser de 2 ms (100 Hz)

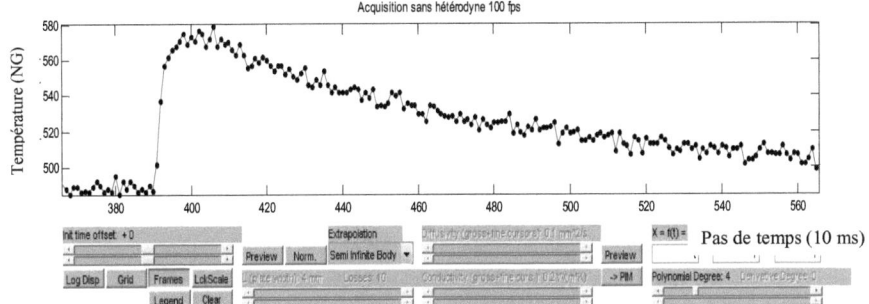

FIGURE 3-7 Zoom de l'acquisition sans hétérodynage pour une impulsion laser de 2 ms

Largeur de l'impulsion laser	2 ms
Amplitude de l'impulsion	3 V (i.e. 30W)
Fréquence caméra	100 Hz
Fréquence laser	250 mHz
Durée de l'expérience	8 s

TABLEAU 3-3 Conditions expérimentales de l'acquisition sans hétérodynage (2 ms)

Théoriquement, une seule impulsion laser aurait suffi. Mais pour appliquer la détection hétérodyne, on répète la même impulsion de manière périodique. Ce qui revient à appliquer un train d'impulsions.

3.3.2 Acquisitions hétérodynes pour différentes largeurs de l'impulsion laser

Nous effectuerons toutes les expériences hétérodynes (flash 1D) dans les conditions mentionnées dans le tableau ci-dessous :

Largeur de l'impulsion laser	2 ms, 1 ms, 500 µs, 300 µs, 200 µs, 100 µs
Amplitude laser	3 V (i.e. 30 W en terme de puissance)
Fréquence du laser	250.0625 mHz
Fréquence de la caméra IR	250 mHz
Δf	0.0625 mHz
f_{het}	1 kHz, $N = 4000$ *
Durée de l'expérience	32000 s (8h 53mn 20s)

TABLEAU 3-4 Conditions expérimentales pour les acquisitions hétérodynes

* Le choix de $N = 4000$ est dû à la capacité maximale de la mémoire ordinateur utilisée, elle est de 8000 images maximum pour la fenêtre d'acquisition utilisée : 256 x 256 pixels.

a) Transitoires thermiques obtenues pour une largeur de l'impulsion laser de 2 ms

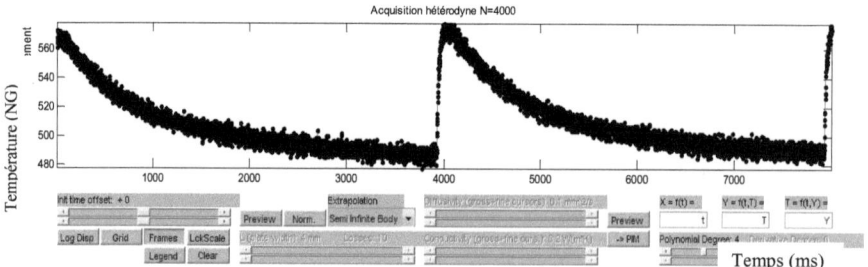

FIGURE 3-8 Acquisition avec hétérodynage pour une impulsion laser de 2 ms

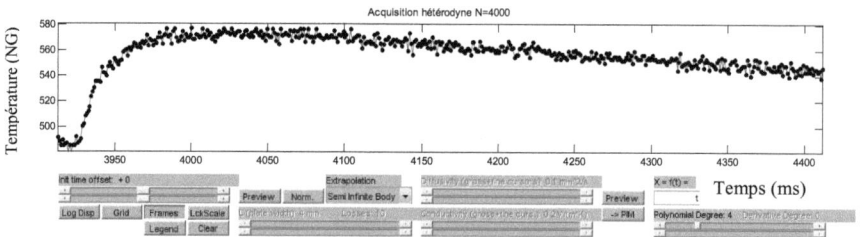

FIGURE 3-9 Zoom de l'acquisition hétérodyne pour une impulsion laser de 2 ms

Afin d'optimiser l'étude de la diffusion thermique et minimiser l'impact du bruit de mesure, nous procèderons au calcul de la moyenne spatiale de la matrice image et cela dans une zone carrée délimitée comme illustré à la figure 3.10. La moyenne est calculée sur une fenêtre de 46x43 pixels, soit sur 1978 pixels. L'algorithme de moyennage se trouve en Annexe A.

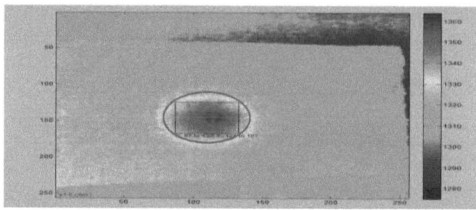

FIGURE 3-10 Sélection de la zone spatiale carrée pour le calcul de la moyenne et la réduction du bruit de mesure

Transitoires thermiques après moyennage spatial

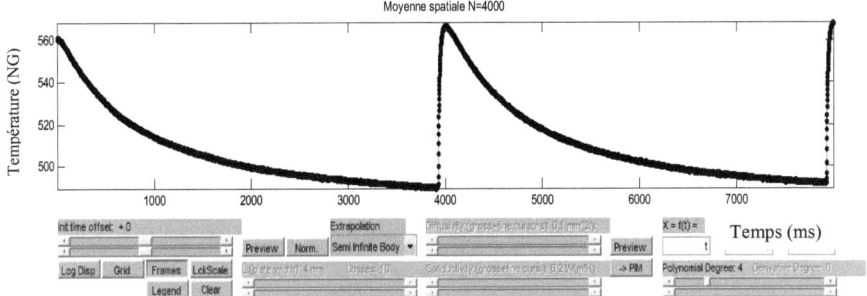

FIGURE 3-11 Moyenne spatiale de l'acquisition hétérodyne (2 ms)

Le rapport signal sur bruit s'est amélioré d'un facteur 44.5, soit de $\sqrt{n}$, n étant le nombre de pixels de la fenêtre de moyennage.

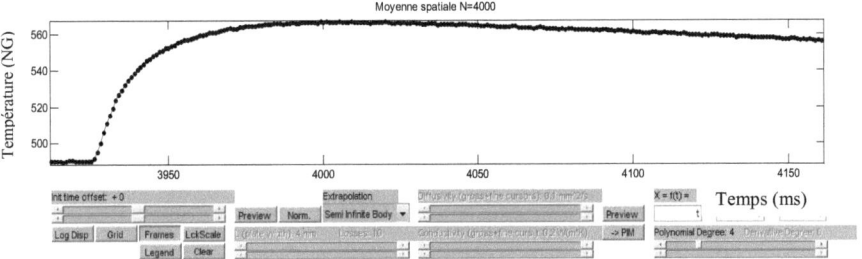

FIGURE 3-12 Zoom de la moyenne spatiale de l'acquisition hétérodyne (2 ms)

b) Transitoires thermiques obtenues pour une largeur de l'impulsion laser de 1ms

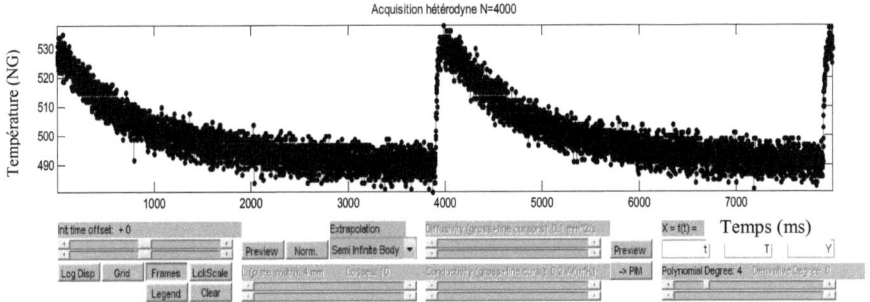

FIGURE 3-13 Acquisition avec hétérodynage pour une impulsion laser de 1 ms

Transitoires thermiques après moyennage spatial

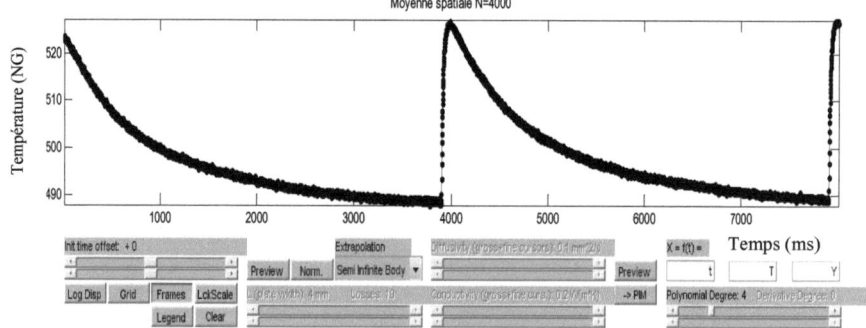

FIGURE 3-14 Moyenne spatiale de l'acquisition hétérodyne (1 ms)

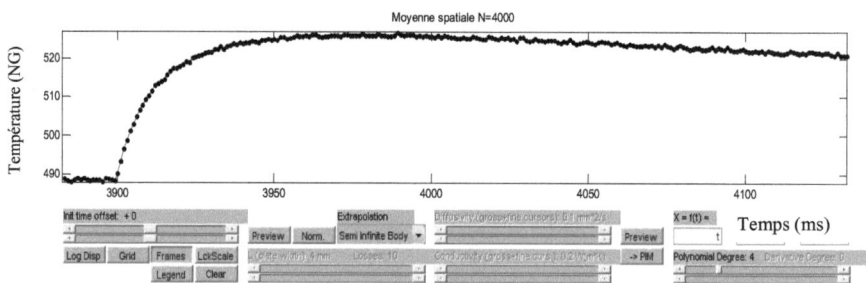

FIGURE 3-15 Zoom de la moyenne spatiale de l'acquisition hétérodyne (1 ms)

c) Transitoires thermiques obtenues pour une largeur de l'impulsion laser de 500 µs

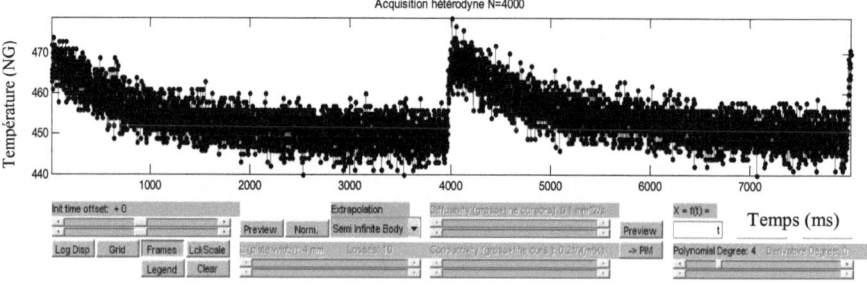

FIGURE 3-16 Acquisition avec hétérodynage pour une impulsion laser de 500 µs

Transitoires thermiques après moyennage spatial

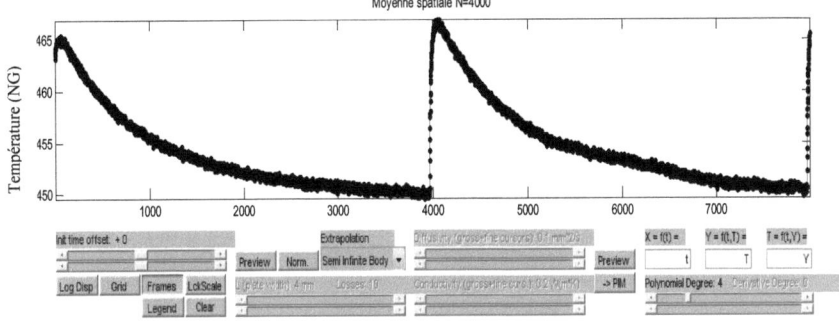

FIGURE 3-17 Moyenne spatiale de l'acquisition hétérodyne (500 µs)

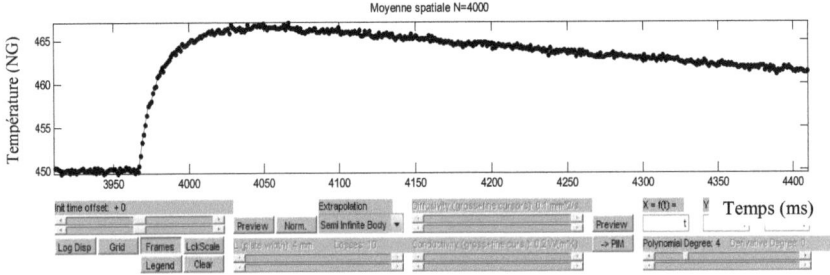

FIGURE 3-18 Zoom de la moyenne spatiale de l'acquisition hétérodyne (500 µs)

d) Transitoires thermiques obtenues pour une largeur de l'impulsion laser de 300 µs

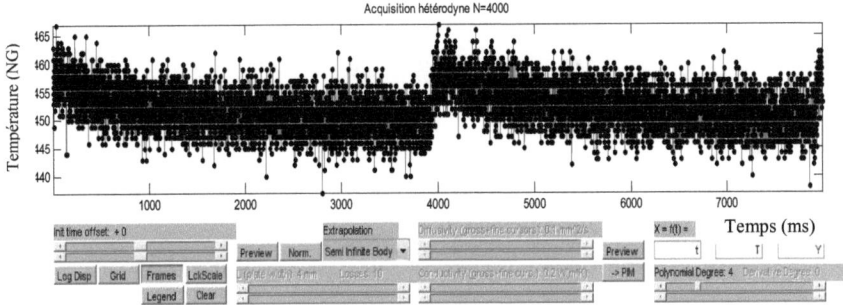

FIGURE 3-19 Acquisition avec hétérodynage pour une impulsion laser de 300 µs

Transitoires thermiques après moyennage spatial

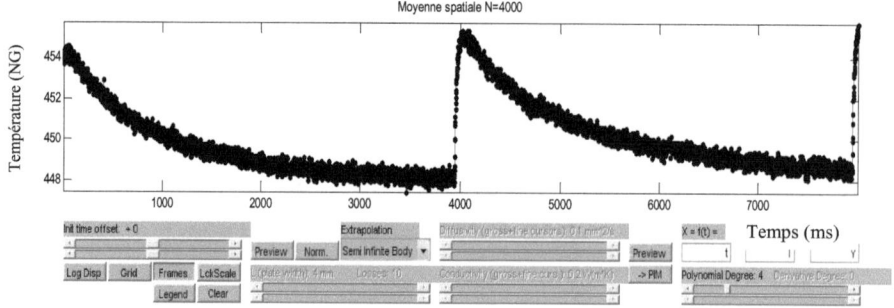

FIGURE 3-20 Moyenne spatiale de l'acquisition hétérodyne (300 µs)

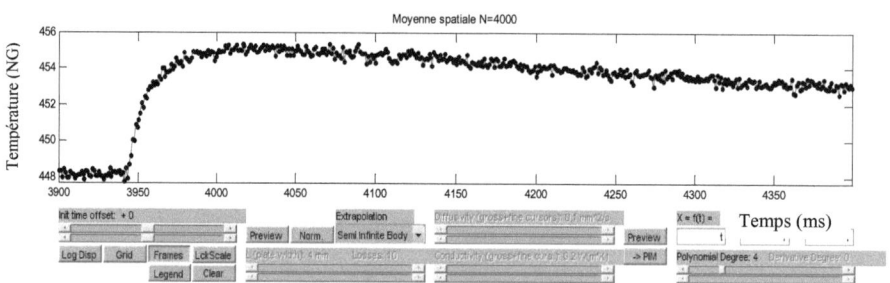

FIGURE 3-21 Zoom de la moyenne spatiale de l'acquisition hétérodyne (300 µs)

e) Transitoires thermiques obtenues pour une largeur de l'impulsion laser de 200 µs

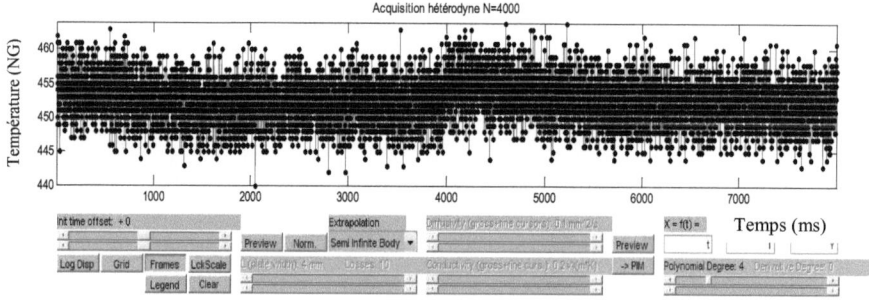

FIGURE 3-22 Acquisition avec hétérodynage pour une impulsion laser de 200 µs

Transitoires thermiques après moyennage spatial

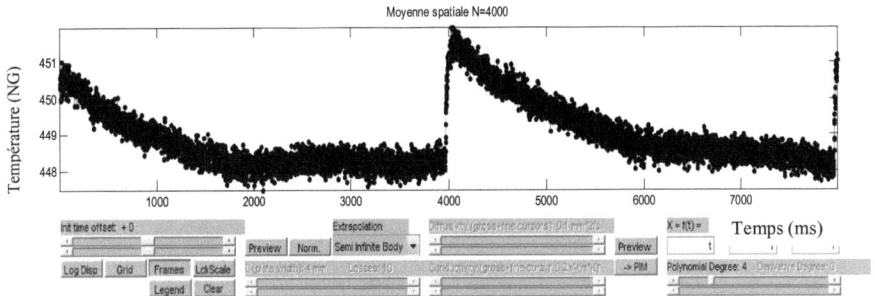

FIGURE 3-23 Moyenne spatiale de l'acquisition hétérodyne (200 µs)

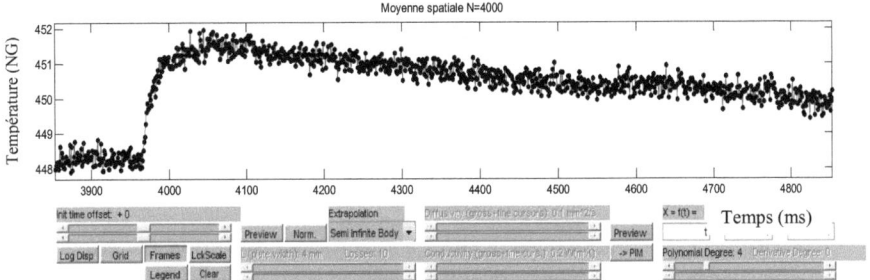

FIGURE 3-24 Zoom de la moyenne spatiale de l'acquisition hétérodyne (200 µs)

f) Transitoires thermiques obtenues pour une largeur de l'impulsion laser de 100 µs

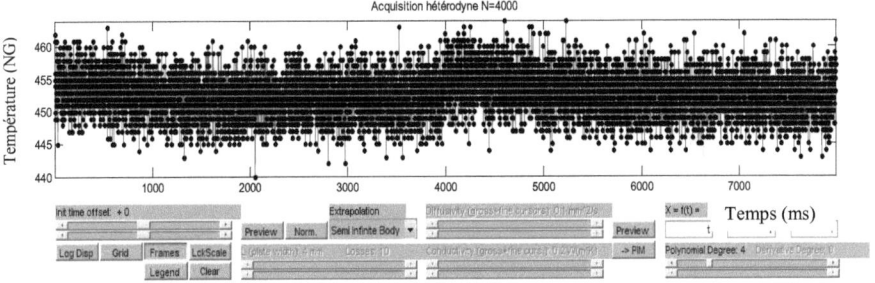

FIGURE 3-25 Acquisition avec hétérodynage pour une impulsion laser de 100 µs

Transitoires thermiques après moyennage spatial

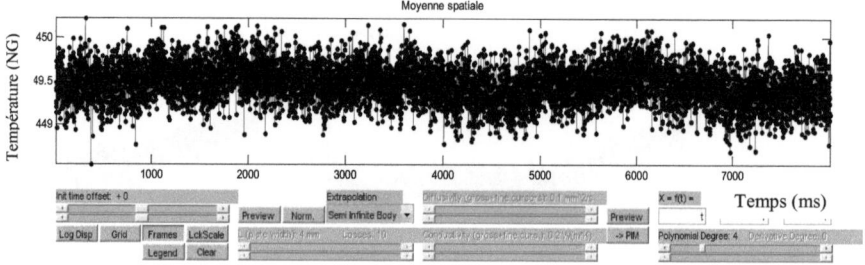

FIGURE 3-26 Moyenne spatiale de l'acquisition hétérodyne (100 μs)

g) Analyse

L'application du montage hétérodyne pour la méthode flash 1D nous a permis de multiplier par 10 la résolution temporelle de la caméra infrarouge Phœnix ; la fréquence hétérodyne maximale atteinte était de 1 kHz, cela est dû à la capacité de stockage limitée de la mémoire ordinateur. Il faut noter par ailleurs que pour atteindre la périodicité de la réponse thermique de l'échantillon suite à son excitation, il fallait lui permettre de refroidir complètement jusqu'à la température ambiante. Contrairement à la période de chauffage de l'échantillon qui était extrêmement rapide, la chute de sa température était très lente. Ceci a rendu les durées des expériences assez longues. Le moyennage spatial de la réponse thermique a diminué de façon significative le niveau du bruit de mesure, et ce, même pour des impulsions de l'ordre de 200 μs. Pour des impulsions de 100 μs, le signal thermique était trop faible pour en extraire de l'information pertinente à l'estimation de la diffusivité thermique.

3.3.3 Calcul de la diffusivité thermique dans l'épaisseur

On déterminera la diffusivité selon la méthode des temps partiels de Degiovanni. Une méthode précise qui contrairement à la méthode de Parker tient également compte des pertes thermiques [7]. L'algorithme de calcul est décrit en détail dans l'Annexe A.

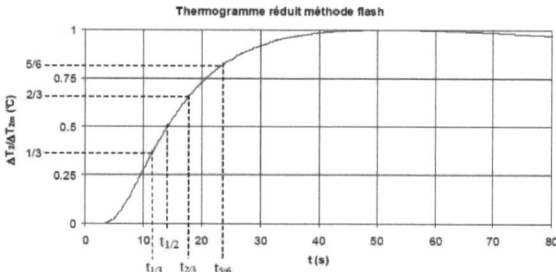

FIGURE 3-27 Illustration de la méthode des temps partiels de Degiovanni [7]

$$a_{2/3} = \frac{e^2}{t_{5/6}}\left[7.1793\left(\frac{t_{2/3}}{t_{5/6}}\right)^2 - 11.9554\left(\frac{t_{2/3}}{t_{5/6}}\right) + 5.1365\right] \quad (3.6)$$

$$a_{1/2} = \frac{e^2}{t_{5/6}}\left[0.6148\left(\frac{t_{1/2}}{t_{5/6}}\right)^2 - 1.6382\left(\frac{t_{1/2}}{t_{5/6}}\right) + 0.9680\right] \quad (3.7)$$

$$a_{1/3} = \frac{e^2}{t_{5/6}}\left[1.0315\left(\frac{t_{1/3}}{t_{5/6}}\right)^2 - 1.8451\left(\frac{t_{1/3}}{t_{5/6}}\right) + 0.8498\right] \quad (3.8)$$

$$a_{moy} = \frac{1}{3}\ (a_{1/3} + a_{1/2} + a_{2/3}) \quad (3.9)$$

$t_{i/j}$: Temps correspondant à $\frac{i}{j} \times \frac{T}{T_{max}}$.
$a_{i/j}$: Diffusivité thermique référée au temps partiel $t_{i/j}$.
e : Épaisseur de l'échantillon

En programmant les formules 3.6, 3.7, et 3.8 en code Matlab [voir Annexe A] et en utilisant la fonction «interpol» associée à «polyfit», on trace trois régions pour chaque courbe expérimentale : **i)** la première région sert à déterminer le niveau zéro de la température (i.e. température avant excitation), **ii)** la seconde met en évidence la transition thermique ascendante (utile pour la détermination précise des temps partiels), **iii)** la troisième détermine la région où la température maximale est atteinte (utile pour la détermination précise du point d'occurrence du maximum et des temps partiels). Ces étapes permettent un calcul précis de la diffusivité thermique.

Une caméra IR de fréquence d'acquisition « faibles » peut être adaptée à l'estimation de la diffusivité thermique d'échantillons de caractéristiques thermiques rapides par l'entremise de l'hétérodynage. Comparativement aux expérimentations conventionnelles utilisant un seul capteur (e.g. IR ou par contact), l'usage de caméras IR permet, grâce au moyennage spatial, la mesure de signaux thermiques de faibles amplitudes. Les caméras IR ont aussi l'avantage de permettre à l'utilisateur de vérifier l'hypothèse modèle thermique 1D utilisé, et ce, par la simple visualisation des gradients thermiques dans les séquences d'images IR.

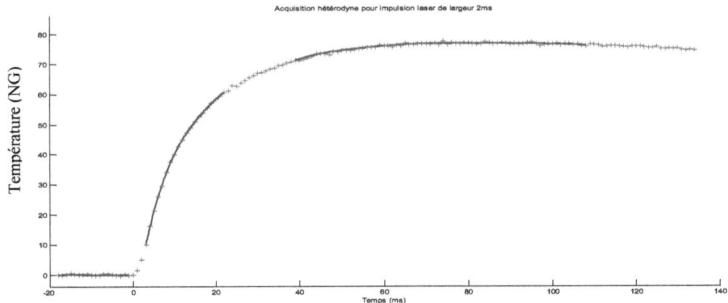

FIGURE 3-28 Les trois courbes polyfit et la courbe expérimentale (Impulsion de 2 ms)

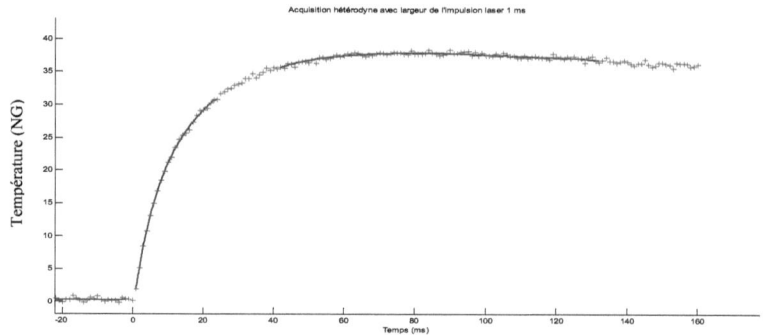

FIGURE 3-29 Les trois courbes polyfit et la courbe expérimentale (Impulsion de 1 ms)

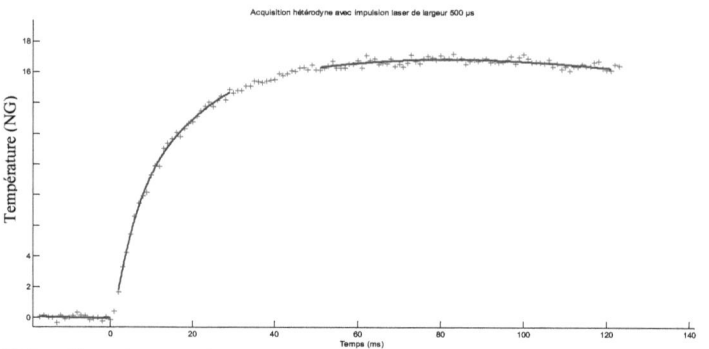

FIGURE 3-30 Les trois courbes polyfit et la courbe expérimentale (Impulsion de 500 µs)

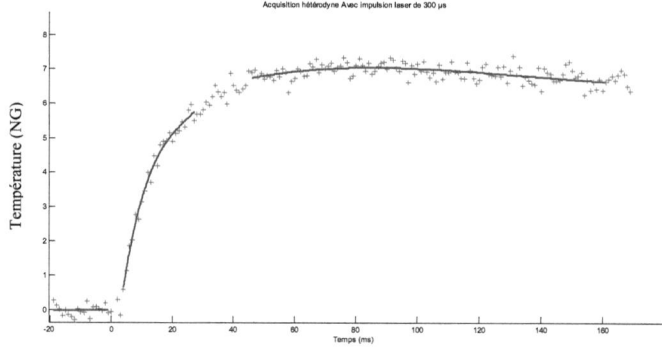

FIGURE 3-31 Les trois courbes polyfit et la courbe expérimentale (Impulsion de 300 µs)

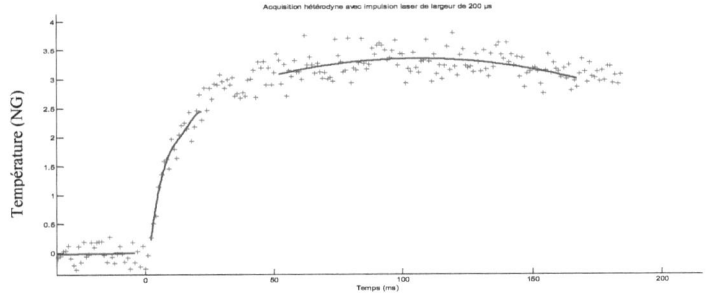

FIGURE 3-32 Les trois courbes polyfit et la courbe expérimentale (Impulsion de 200 µs)

	$a_{2/3}$ ($m^2 s^{-1}$)	$a_{1/2}$ ($m^2 s^{-1}$)	$a_{1/3}$ ($m^2 s^{-1}$)	a_{moy} ($m^2 s^{-1}$)
Impulsion 2 ms	3.85×10^{-5}	3.76×10^{-5}	3.83×10^{-5}	3.81×10^{-5}
Impulsion 1 ms	3.76×10^{-5}	3.35×10^{-5}	3.65×10^{-5}	3.58×10^{-5}
Impulsion 500 µs	3.96×10^{-5}	3.73×10^{-5}	3.73×10^{-5}	3.80×10^{-5}
Impulsion 300 µs	3.29×10^{-5}	3.01×10^{-5}	3.04×10^{-5}	3.11×10^{-5}
Impulsion 200 µs	3.64×10^{-5}	3.10×10^{-5}	3.23×10^{-5}	3.32×10^{-5}

TABLEAU 3-5 Diffusivités thermiques estimées

Analyse

On constate que les valeurs estimées des émissivités sont du même ordre de la valeur de celles que l'on trouve dans la littérature pour l'aluminium et certains de ses alliages. Sur Wikipédia par exemple, la diffusivité de l'aluminium pure est de 8.4×10^{-5} m^2 s^{-1} et celle de l'alliage 6061-T6 est de 6.4×10^{-5} m^2 s^{-1}. Les diffusivités estimées dans notre cas, même si elles sont du même ordre de grandeur, sont toutefois inférieures à ces dernières valeurs. Ceci pourrait être expliqué par l'impact des couches de peinture noire ajoutées sur les deux côtés du papier aluminium, la peinture étant un bon isolant thermique.

On remarque aussi que les valeurs estimées de la diffusivité sont relativement proches pour les impulsions de 500 µs, 1 ms et 2 ms tandis qu'un écart d'environ 20 % est noté pour les impulsions de 300 µs et 200 µs. Cela pourrait fort probablement être dû au mauvais rapport signal sur bruit obtenu pour ces deux dernières impulsions. En effet, quand les impulsions laser sont courtes, l'énergie déposée à la surface de l'échantillon est moins élevée induisant ainsi un chauffage moins important.

Finalement, l'écart susmentionné de 20 % entre les différentes valeurs estimées de la diffusivité thermique ainsi que l'écart avec les valeurs publiées dans la littérature scientifique pourraient également être attribués au fait que les impulsions laser utilisées ne sont pas dans les faits équivalentes à une impulsion de Dirac. Ceci constitue une non-conformité au modèle impulsionnel sur lequel est basée la méthode d'inversion que nous avons utilisée. Pour que l'impulsion laser soit assimilable à un Dirac, il faut que sa largeur $t_{impulsion}$ vérifie la relation suivante $a.t_{impulsion}/e^2 < 0.06$ [19]. Pour l'échantillon que nous avons analysé ici (i.e. e = 130 µm et a = 3.50×10^{-5} m^2 s^{-1}), cela implique une largeur d'impulsion inférieure à 30 µs. Or l'impulsion laser la plus courte qui puisse être obtenue dans notre montage expérimental est de 100 µs.

Pour conclure, il est important de rappeler ici que notre objectif premier n'est pas d'estimer la diffusivité thermique avec précision mais plutôt d'investiguer le principe de la détection hétérodyne dans une application quantitative de la vision infrarouge pour estimer des paramètres physiques dans un contexte de transfert de chaleur rapide.

3.4 Estimation de la diffusivité thermique radiale (i.e. dans le plan) avec une manipulation flash laser focalisée – Diffusion 3D

Nous nous intéressons ici à l'estimation de la diffusivité thermique dans le plan du même échantillon en papier aluminium (Tableau 3.1). Pour ce faire, nous utiliserons la méthode impulsionnelle développée par Lachi et al. [2]. Celle-ci est basée sur l'excitation de l'échantillon non pas sur toute sa surface mais sur une partie seulement grâce à un « spot » laser de diamètre 5 mm focalisé en son centre.

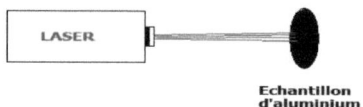

FIGURE 3-33 Laser focalisé – Excitation partielle de la surface de l'échantillon

Nous effectuerons toutes les expériences flash laser focalisé dans les conditions suivantes :

Fenêtre d'acquisition	256 x 256 pixels
Temps d'intégration	0.4 ms
Lentille	ASIO 50 mm
Diamètre du laser non focalisé	5 mm
Distance échantillon-fibre optique	120 mm
Puissance du laser utilisée	30 W

TABLEAU 3-6 Conditions des expériences avec laser non focalisé

3.4.1 Acquisition sans hétérodynage pour une impulsion laser de 600 µs

Dans cette partie, on illustre seulement les transitoires thermiques du pixel central. En dehors de ce pixel, évidemment les transitoires thermiques sont d'amplitudes moins élevées.

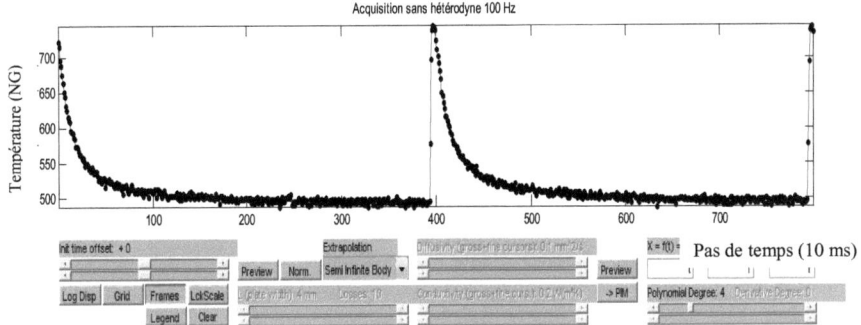

FIGURE 3-34 Acquisition sans hétérodynage pour une impulsion laser de 600 µs

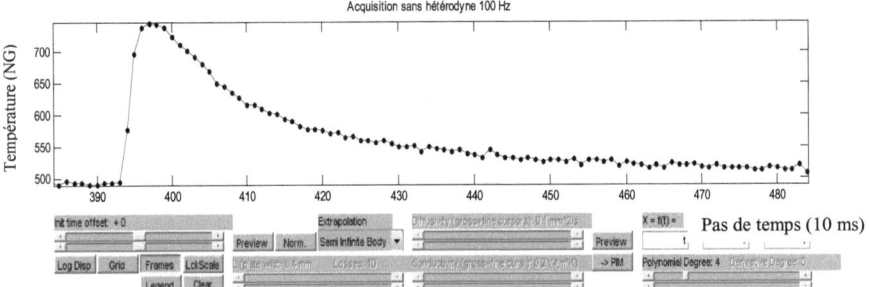

FIGURE 3-35 Zoom de l'acquisition sans hétérodynage pour une impulsion de 600 µs

Largeur de l'impulsion laser	600 µs
Amplitude de l'impulsion	3 V (i.e. 30 W)
Fréquence caméra	100 Hz
Fréquence laser	250 mHz
Durée de l'expérience	8 s

TABLEAU 3-7 Conditions de l'acquisition sans hétérodynage (600 µs)

NB : On a pu choisir des durées d'impulsion laser plus courtes car l'excitation était focalisée et engendrait localement (i.e. pixel au centre du « spot » laser) des montées en température plus importantes que dans le cas de la manipulation flash 1D.

3.4.2 Acquisitions hétérodynes pour différentes largeurs de l'impulsion laser

Nous effectuons toutes les expériences hétérodynes dans les conditions mentionnées dans le tableau 3.8. Le temps de refroidissement de l'échantillon suite à l'impulsion laser de 600 µs étant trop lent pour pouvoir enregistrer quatre cycles, seulement deux cycles ont été enregistrés. Pour les impulsions plus courtes, nous avons pu enregistrer quatre cycles.

Largeur impulsions	600 µs	300 µs - 200 µs - 100 µs
Amplitude	3 V (i.e. puissance laser de 30 W)	
Fréquence du laser	250.0625 mHz	500.25 mHz
Fréquence de la caméra	250 mHz	500 mHz
Δf	0.0625 mHz	0.25 mHz
f_{het}	1 kHz	
Durée de l'expérience	32000 s (8h 53mn 20s)	16000 s (4h 26mn 40s)

TABLEAU 3-8 Conditions expérimentales pour les acquisitions hétérodynes

a) Transitoires thermiques obtenues pour une impulsion laser de 600 µs

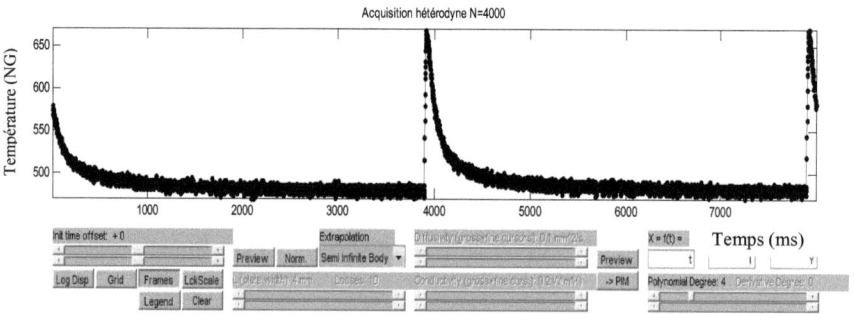

FIGURE 3-36 Acquisition hétérodyne pour une impulsion laser de 600 µs

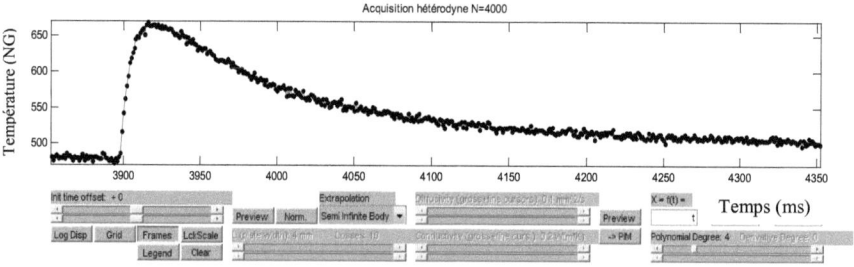

FIGURE 3-37 Zoom de l'acquisition hétérodyne pour une impulsion laser de 600 µs

b) Transitoires thermiques obtenues pour une impulsion laser de 300 µs

Les impulsions lasers de largeur inférieure à 400 µs engendrent un échauffement de l'échantillon moins important et donc un refroidissement plus rapide que celui enregistré pour l'impulsion laser de 600 µs. En conséquence, nous avons modifié l'écart entre les impulsions laser successives en le diminuant de moitié. Notre objectif étant de permettre l'acquisition de plus de cycles afin de pouvoir opérer un moyennage temporel pour améliorer le rapport signal sur bruit. Le moyennage de quatre cycles permet de multiplier par un facteur deux le rapport signal sur bruit.

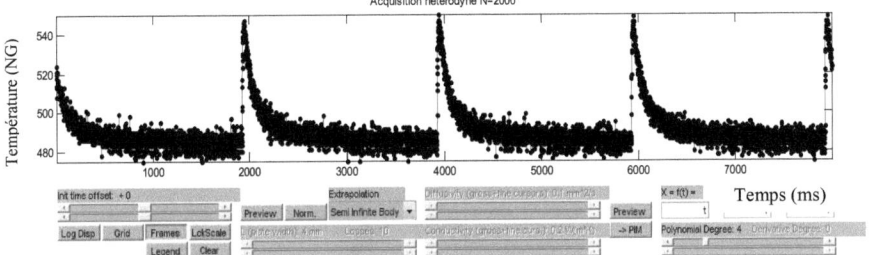

FIGURE 3-38 Acquisition hétérodyne pour une impulsion laser de 300 µs

Moyenne des quatre cycles

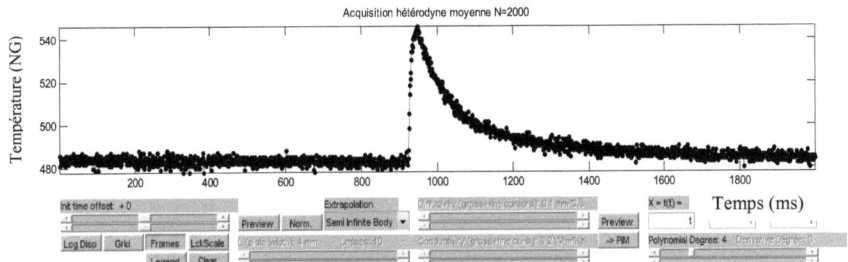

FIGURE 3-39 Moyenne des quatre cycles pour une impulsion laser de 300 µs

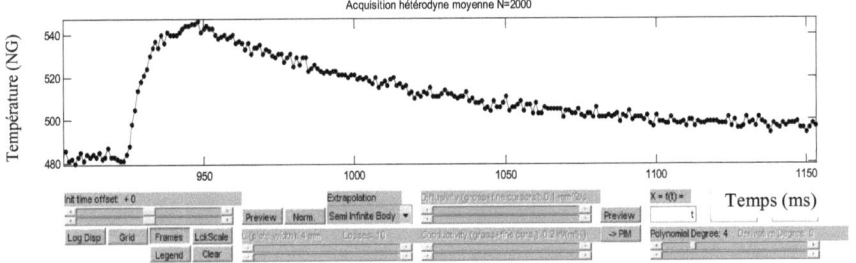

FIGURE 3-40 Zoom de la moyenne des quatre cycles (300 µs)

c) Transitoires thermiques obtenues pour une impulsion laser de 200 µs

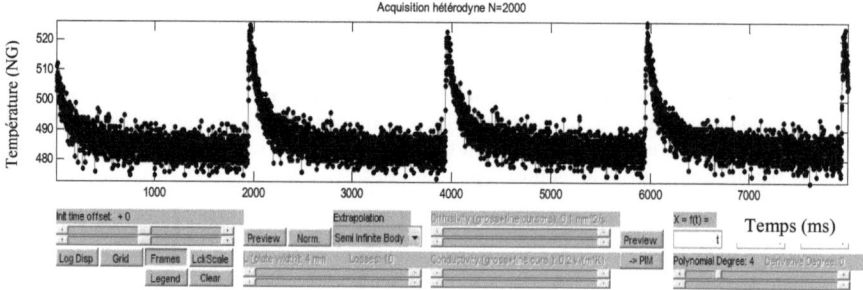

FIGURE 3-41 Acquisition hétérodyne pour une impulsion laser de 200 µs

Moyenne des quatre cycles

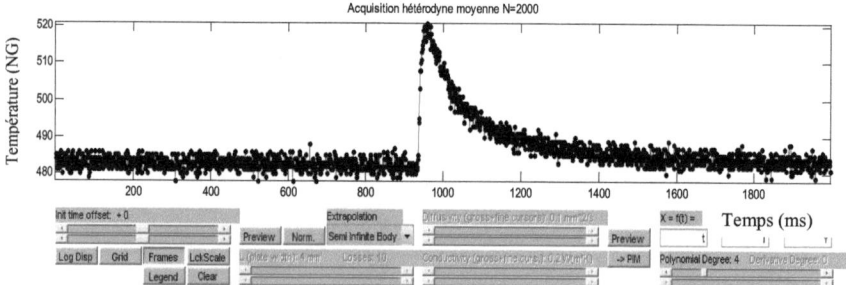

FIGURE 3-42 Moyenne des quatre cycles pour une impulsion laser de 200 µs

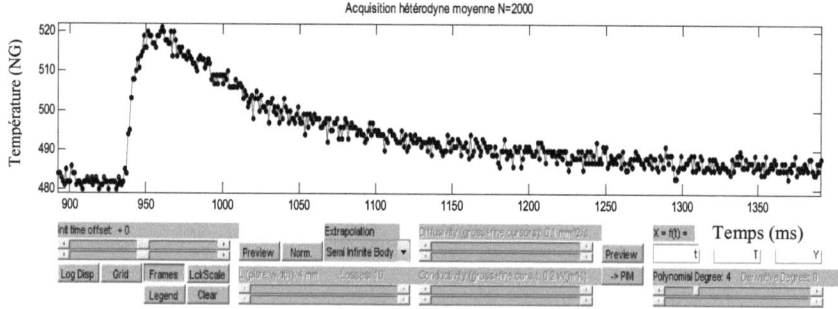

FIGURE 3-43 Zoom de la moyenne des quatre cycles (200 µs)

d) Transitoires thermiques obtenues pour une impulsion laser de 100 µs

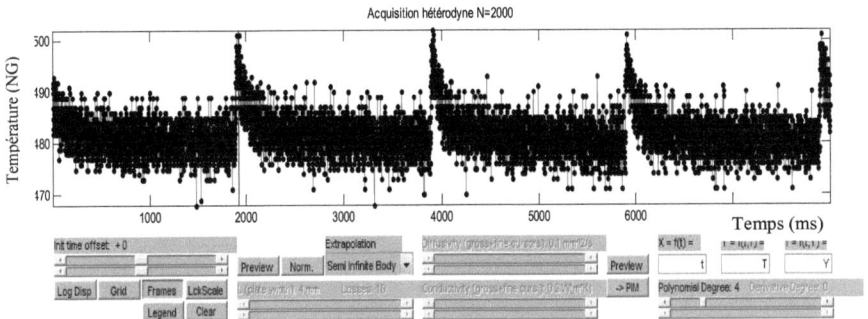

FIGURE 3-44 Acquisition hétérodyne pour une impulsion laser de 100 µs

Moyenne des quatre cycles

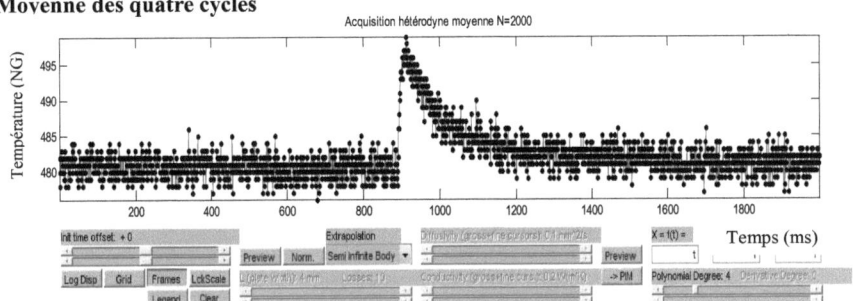

FIGURE 3-45 Moyenne des quatre cycles pour une impulsion laser de 100 µs

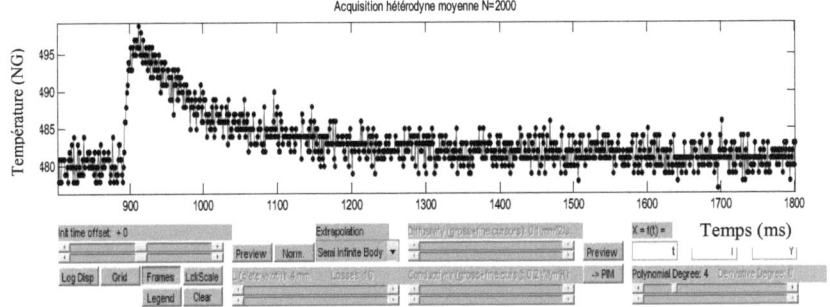

FIGURE 3-46 Zoom de la moyenne des quatre cycles (100 µs)

3.4.3 Calcul de la diffusivité thermique radiale

a) Principe théorique

Nous utilisons ici la méthode développée par Lachi et al. [2]. Dans cette méthode, un échantillon cylindrique homogène de rayon r_s et d'épaisseur e, présentant une symétrie de révolution autour de l'axe oz, est soumis à une excitation laser sur sa face avant en $z = 0$, sur une surface circulaire de rayon r_p (Figure 3-47).

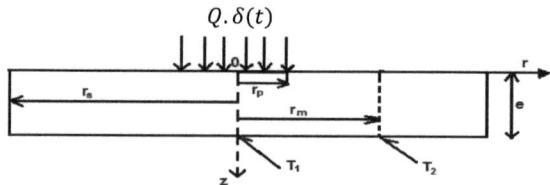

FIGURE 3-47 Positions des thermogrammes T_1 et T_2 utilisés pour l'inversion

La température T s'écrit sous la forme de variables séparées :

$$T(z,r,t) = \frac{Q}{\rho c e} Z(z,t).R(r,t) \tag{3.10}$$

où Z est le terme axial et R le terme radial.

Ainsi pour l'identification du terme radial de la diffusivité on procède de la façon suivante :

$$T_1 = T(e,0,t) = \frac{Q}{\rho c e} Z(e,t).R(0,t) \tag{3.11}$$

$$T_2 = T(e,r_m,t) = \frac{Q}{\rho c e} Z(e,t).R(r_m,t) \tag{3.12}$$

Q : Énergie absorbée par unité de surface $[J.m^{-2}]$
ρc : Capacité thermique volumique $[J.m^{-3}.K^{-1}]$
e : Épaisseur $[m]$

Le rapport des deux températures donne : $\quad X_{21} = \frac{T_2}{T_1} = \frac{R(r_m,t)}{R(0,t)} \tag{3.13}$

On définit les moments temporels partiels d'ordre i par :

$$M_i = \int_{t_\alpha}^{t_\beta} t^i f(t) dt \tag{3.14}$$

En posant $X_{21}(t_\alpha) = 0.1$ et $X_{21}(t_\beta) = 0.3$ et $X_{21} = f(t)$ et en utilisant les deux moments d'ordre 0 et -1, la diffusivité radiale peut être estimée par la relation :

$$\frac{a_r}{r_m^2} = \frac{F(M_{-1})}{M_0} \tag{3.15}$$

Où la fonction F est définie par :

$$F(x) = 0.0235656 - 0.069188.x + 0.48723.x^2 - 1.3284.x^3 + 1.1736.x^4$$

b) Expérimentation

Afin de s'assurer que les effets de bords soient effectivement négligeables, nous avons excité cette fois-ci un échantillon de film d'aluminium beaucoup plus large (Tableau 3.1) avec un « spot » laser de diamètre 5 mm (Figure 3.48). D'autres données sur l'expérimentation sont présentées au tableau 3.9.

FIGURE 3-48   Photo du montage flash laser

Fenêtre d'acquisition	256 x 256 pixels
Temps d'intégration	0.4 ms
Lentille	ASIO 50 mm
Distance échantillon / fibre optique	120 mm
Puissance du laser utilisée	30 W
Taille du pixel, Δx	520 µm
r_m	$10 \cdot \Delta x = 5.2$ mm
r_p	2.5 mm
* Largeur de l'impulsion laser	500 µs
Amplitude de l'impulsion laser	3 V (i.e. 30 W)
Fréquence du laser	250.0625 mHz
Fréquence de la caméra	250 mHz
Δf	0.0625 mHz
f_{het}	1 kHz, $N = 4000$
Durée de l'expérience	32000 s (8h 53mn 20s)

TABLEAU 3-9   Conditions expérimentales

* **Largeur de l'impulsion laser** : A cause de la puissance limitée de la diode laser et la largeur minimale ajustable de l'impulsion (soit 100 µs), il était difficile de générer une perturbation assimilable à un Dirac. En effet pour que la séparation r/z soit possible, il est impératif que la condition suivante soit respectée : $a \cdot t_{impulsion}/e^2 < 0.01$, où $t_{impulsion}$ représente la largeur de l'impulsion [2]. Pour le cas de l'échantillon sous investigation ici, l'impulsion doit donc avoir une largeur inférieure à 5.5 µs. On verra cependant plus loin que

même avec l'impulsion de 500 μs, nous avons pu obtenir une estimation de la diffusivité thermique assez proche de celle obtenue par la méthode flash 1D décrite précédemment.

La figure 3-49 montre les deux pixels qui ont été choisis sur le film infrarouge pour l'extraction des thermogrammes T_1 et T_2 (Figure 3.50).

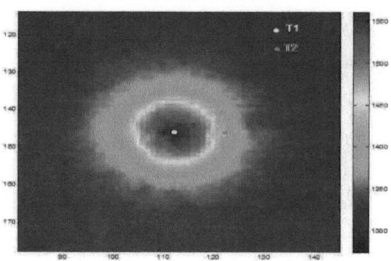

FIGURE 3-49   Image thermique à t = 130 ms après l'impulsion laser

Pour le tracé des courbes T_1 et T_2 (Figure 3-51), nous utiliserons le programme Matlab donné à l'Annexe A.7. L'utilisation de la fonction polyfit permet d'optimiser le calcul du rapport T_2/T_1.

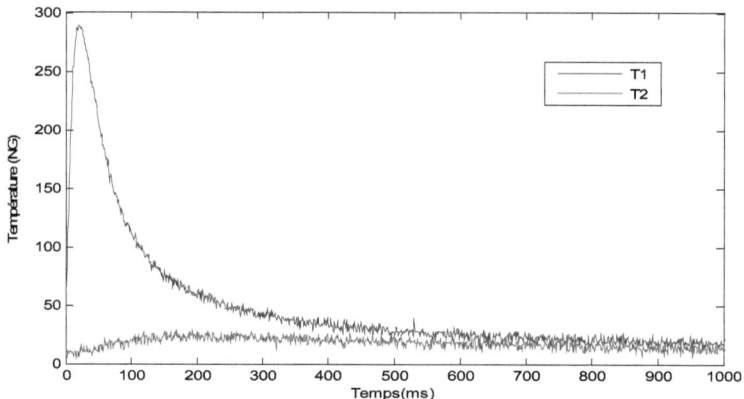

FIGURE 3-50   Courbes expérimentales T_1 et T_2 en fonction du temps

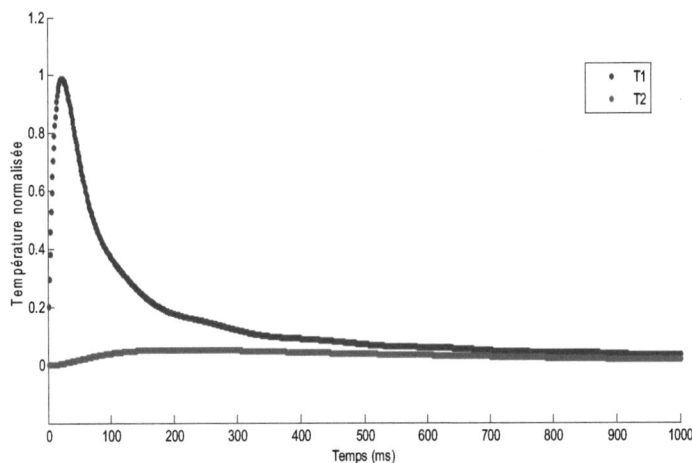

FIGURE 3-51   Courbes T_1 et T_2 (polyfit) en fonction du temps

La figure 3-52 montre le tracé de la courbe $X_{21} = T_2/T_1$

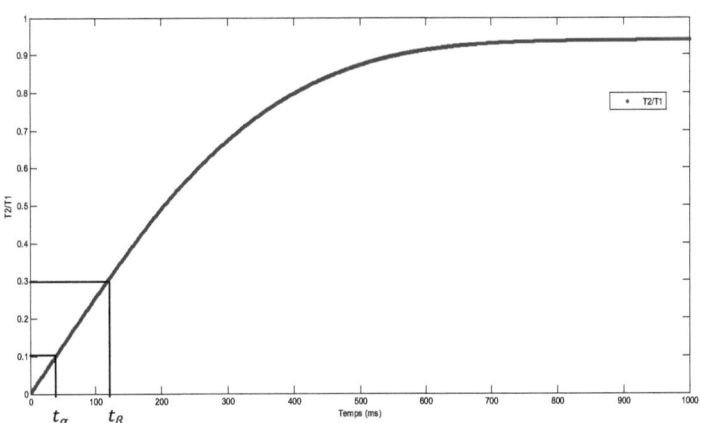

FIGURE 3-52   Courbe $X_{21} = T_2/T_1$ en fonction du temps

L'application de la méthode proposée par Lachi et al. donne les résultats suivants :

$t_\alpha = 46\ ms$
$t_\beta = 125\ ms$
$M_0 = 0.0142\ s$
$M_{-1} = 0.1609\ [su]$
$F(M_{-1}) = 0.0232\ [su]$
$r_m = 5.2\ mm$
$a_r = 3.87 \times 10^{-5} m^2.s^{-1}$

On remarque que la valeur de la diffusivité radiale (i.e. dans le plan) est très proche de la diffusivité axiale (i.e. diffusivité dans le sens de l'épaisseur) trouvée précédemment par la technique flash 1D. L'échantillon étant supposé isotrope, la similarité des valeurs trouvées pour les diffusivités axiale et radiale par les deux méthodes (i.e. flash 1D et flash 2D) nous permet de valider l'une et l'autre des deux méthodes d'estimation.

L'identification par l'utilisation de la méthode des moments temporels partiels (i.e. méthode Lachi et al.) est bien adaptée : elle est à la fois simple, précise et économique en temps de calcul. Contrairement au travail de Lachi et al. qui utilise des thermocouples pour suivre les transitoires $T_1\ et\ T_2$; nous avons montré qu'une caméra infrarouge est plus pratique à travers une mesure sans contact. La haute résolution spatiale des caméras infrarouges actuelles permet par ailleurs d'avoir une bonne précision sur les endroits où T_1 et T_2 sont mesurées, contrairement au cas où des thermocouples sont utilisés.

3.5 Estimation de la diffusivité thermique radiale (i.e. dans le plan) avec une manipulation flash laser linéaire – Diffusion 3D

Nous effectuons cette manipulation dans le but de valider les résultats obtenus par les méthodes d'inversion de la diffusivité thermique déjà explorées ci-dessus.

3.5.1 Principe théorique

Nous procéderons à une excitation linéaire d'un échantillon mince d'épaisseur e, de largeur l et longueur L (Figure 3-53). L'excitation doit être assimilée à une impulsion de Dirac et peut être formulée selon la forme :

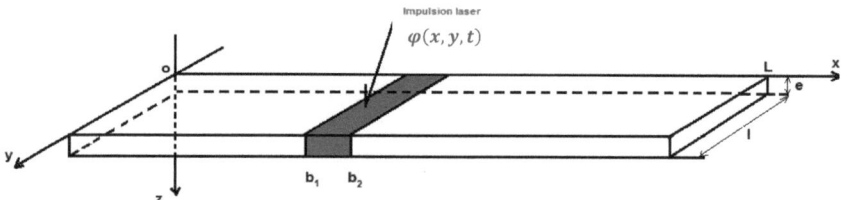

FIGURE 3-53 Schéma de principe de la méthode

$$\varphi(x,y,t) = f(x,y)\delta(t) \qquad (3.16)$$

En considérant que la largeur d'excitation est $b_2 - b_1$, il en découle la formulation suivante dans un repère cartésien (x, y, z) [3] :

$$\lambda_x \frac{\partial^2 T}{\partial x^2} + \lambda_y \frac{\partial^2 T}{\partial y^2} + \lambda_z \frac{\partial^2 T}{\partial z^2} = \rho c \frac{\partial T}{\partial t} \tag{3.17}$$

$$\lambda_z \frac{\partial T}{\partial z} = hT - \varphi(x, y, t) \text{ pour } z = 0 \tag{3.18}$$

$$\lambda_z \frac{\partial T}{\partial z} = hT \text{ pour } z = e \tag{3.19}$$

$$\frac{\partial T}{\partial y} = 0 \text{ pour } y = 0 \text{ et pour } y = l \tag{3.20}$$

$$\frac{\partial T}{\partial x} = 0 \text{ pour } x = 0 \text{ et } x = L \tag{3.21}$$

$$T = 0 \text{ pour } t = 0 \tag{3.22}$$

Où λ_x, λ_y, λ_z sont les conductivités thermiques selon les directions x, y, z et h le coefficient de transfert de chaleur.

Nous nous intéresserons à la transformée de Fourier de la distribution de température, soit :

$$\Theta(\alpha, \beta, z, t) = \int_0^l \int_0^L T(x, y, z, t) \cos(\alpha x) \, dx \cos(\beta y) dy \tag{3.23}$$

avec $\alpha = \frac{n\pi}{L}$, $\beta = \frac{m\pi}{L}$ où n, m sont des entiers

Le calcul du rapport des transformées de Fourier à deux temps t_1 et t_2 donne :

$$\frac{\Theta(\alpha,\beta,e,t_2)}{\Theta(\alpha,\beta,e,t_1)} - \frac{\Theta(0,0,e,t_2)}{\Theta(0,0,e,t_1)} exp[-a_x \alpha^2 (t_2 - t_1)] \cdot exp[-a_y \beta^2 (t_2 - t_1)] \tag{3.24}$$

Dans le cas particulier où $\beta = 0$, on obtient :

$$\frac{\Theta(\alpha,e,t_2)}{\Theta(\alpha,e,t_1)} - \frac{\Theta(0,0,e,t_2)}{\Theta(0,0,e,t_1)} exp[-a_x \alpha^2 (t_2 - t_1)] \tag{3.25}$$

Ou encore :

$$ln\left(\frac{\Theta(\alpha,e,t_2)}{\Theta(\alpha,e,t_1)}\right) = -a_x \alpha^2 (t_2 - t_1) + ln\left(\frac{\Theta(0,0,e,t_2)}{\Theta(0,0,e,t_1)}\right) \tag{3.26}$$

L'identification de la diffusivité thermique radiale (i.e. dans le plan) a_x est réalisée en traçant simplement le graphe $ln\left(\frac{\Theta(\alpha,e,t_2)}{\Theta(\alpha,e,t_1)}\right)$ en fonction de α^2 et en déterminant la pente de la droite. La méthode utilisée exige que l'estimation soit faite aux fréquences faibles.

3.5.2 Expérimentation

Nous allons déterminer la diffusivité radiale du même échantillon en papier aluminium [Voir tableau 3-1] et cela dans les conditions mentionnées dans le tableau 3-10.

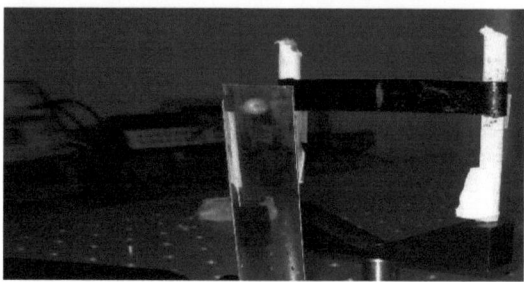

FIGURE 3-54 Image du faisceau laser projeté sur une ligne sur l'échantillon en aluminium grâce à une lentille cylindrique

Fenêtre d'acquisition	256x256 pixels
Temps d'intégration	0.4 ms
Lentille	ASIO 50 mm
Distance Lentille- Échantillon	80 mm
Puissance du laser utilisée	30 W
Taille du pixel Δx	630 µm
Largeur de la ligne laser Oy	l = 15 mm
Largeur de l'impulsion Laser	2 ms, 4 ms
Amplitude Laser	3 V
Fréquence du Laser	250.0625 mHz
Fréquence de La caméra	250 mHz
Δf	0.0625 mHz
f_{het}	1 kHz, N = 4000
Durée de l'expérience	32000 s (8h53mn20s)

TABLEAU 3-10 Conditions expérimentales

a) Acquisition hétérodyne pour une impulsion laser de 4 ms

La figure 3-55 montre la distribution de température selon l'axe x aux temps t_1 = 30 ms et t_2 = 530 ms.

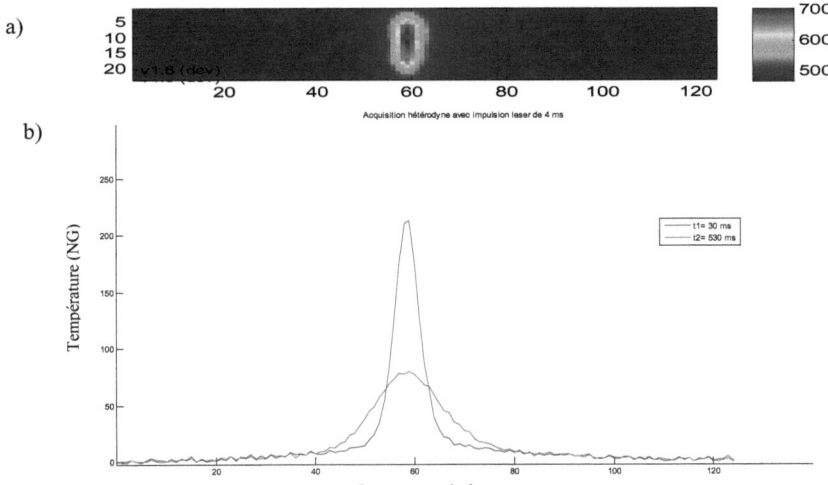

FIGURE 3-55 Distribution de température : a) Image thermique à t = 30 ms ; b) Profils de température selon l'axe x aux temps t_1 = 30 ms et t_2 = 530 ms.

En appliquant l'algorithme détaillé à l'Annexe A.6 et qui trace la courbe $ln\left(\frac{\theta(\alpha,e,t_2)}{\theta(\alpha,e,t_1)}\right)$ en fonction de α^2, on obtient le résultat suivant (Figure 3-56) :

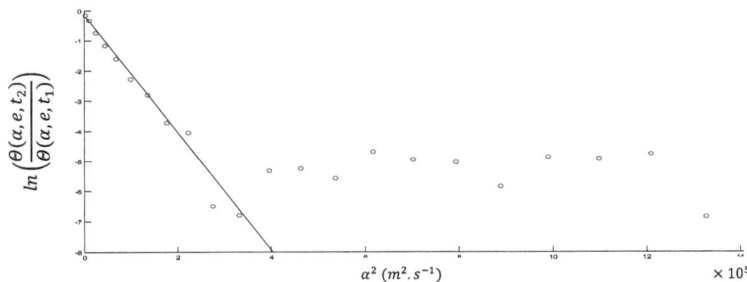

FIGURE 3-56 Courbe $ln\left(\frac{\theta(\alpha,e,t_2)}{\theta(\alpha,e,t_1)}\right)$ en fonction de α^2

La détermination de la pente de la courbe nous permet de déduire la diffusivité radiale (i.e. dans le plan) : $a_x = 3.82 \times 10^{-5} \; m^2.s^{-1}$.

b) Acquisition hétérodyne pour une impulsion laser de 2 ms

Dans cette partie, on effectue la même expérience mais pour une largeur d'impulsion de 2 ms dans le but de simuler le plus possible une impulsion Dirac.

a)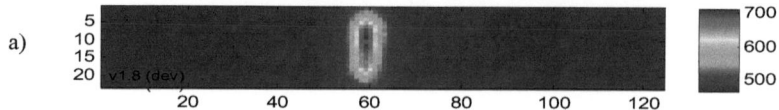

b)

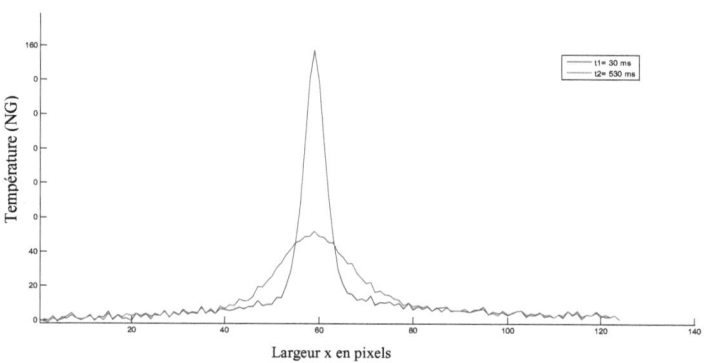

FIGURE 3-57   Distribution de température : a) Image thermique à t = 30 ms ;   b) Profils de température selon l'axe x aux temps t_1 = 30 ms et t_2 = 530 ms.

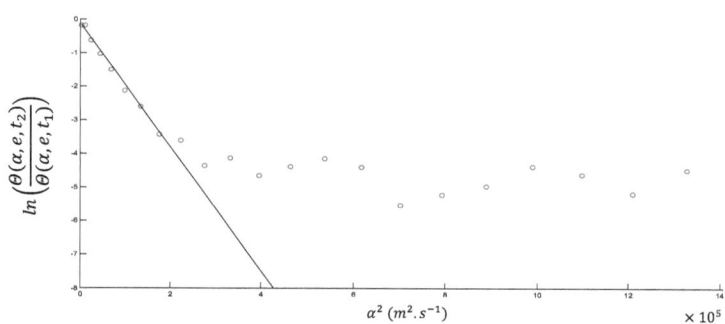

FIGURE 3-58   Courbe $ln\left(\frac{\theta(\alpha,e,t_2)}{\theta(\alpha,e,t_1)}\right)$ en fonction de α^2

Le calcul de la diffusivité thermique donne $a_x = 3.73 \times 10^{-5}\ m^2.s^{-1}$; la valeur est assez proche de celle obtenue pour une impulsion de 4 ms malgré un rapport signal sur bruit moins favorable. L'usage d'impulsions encore plus brèves a montré que le bruit de mesure affectait grandement le signal thermique, ce qui mène à des estimations erronées de la diffusivité.

On remarque finalement que la diffusivité identifiée par les méthodes proposées par Degiovanni et al. (Flash 1D) et Lachi et al. (Flash 2D) est très proche de celle estimée par la méthode proposée par Philippi et al. (Flash linéaire).

c) Analyse de la valeur de a_x en fonction de $t_2 - t_1$ pour une impulsion laser de 2 ms

Cette méthode de calcul du coefficient de diffusivité radiale se base sur le choix de t_2, t_1. Sachant que t_1 et le temps où l'on atteint le maximum de température, t_2 n'est pas bien défini. La courbe présentée à la figure 3.59 montre l'évolution de la valeur estimée de la diffusivité en fonction de $t_2 - t_1$ (donc en fonction de t_2 vu que t_1 est bien défini).

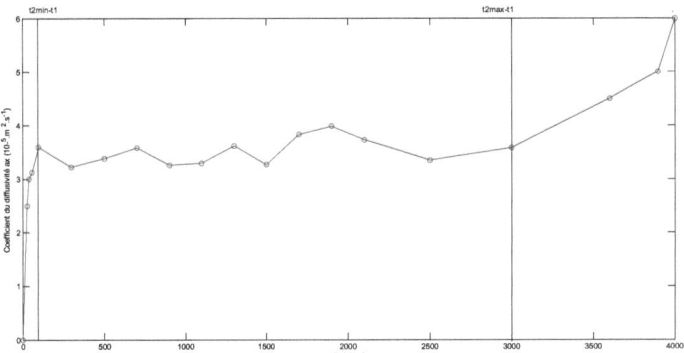

FIGURE 3-59 Impact de l'instant t_2 sur la diffusivité estimée, a_x.
Évolution de a_x en fonction de $t_2 - t_1$.

Dans cette courbe on distingue trois phases : **i)** la première phase est celle où a_x augmente de 0 jusqu'à se stabiliser à un certain niveau, ce niveau est atteint à un instant $t_{2min} - t_1$; **ii)** la deuxième phase est celle où des valeurs plus ou moins stables de a_x sont observées et cela jusqu'à un instant $t_{2max} - t_1$; **iii)** la dernière phase est celle où a_x augmente de manière très importante. Philippi et al. dans leur article [3] avaient réalisé une analyse similaire et obtenu les mêmes résultats, ce qui en quelque sort valide le choix du temps t_2 que nous avions utilisé lors de cette étude.

La durée de l'impulsion est choisie en fonction du rapport signal sur bruit et on remarque que pour des impulsions inférieures à 2 ms. On n'obtient pas de bons résultats avec cette méthode vu que la puissance maximum du laser est limitée à 30 W.

3.6 Conclusion

Dans ce chapitre, on a réalisé une analyse détaillée de plusieurs méthodes de calcul du coefficient de diffusion thermique (transversale et radiale) pour des échantillons thermiquement rapides. La méthode flash impulsionnelle fut la technique utilisée en imposant un train d'impulsions au lieu d'une impulsion unique. Le but étant de créer un phénomène périodique permettant l'utilisation du principe de détection hétérodyne ; celui-ci ayant l'avantage d'améliorer la résolution temporelle de notre caméra IR utile pour enregistrer des transitoires thermiques rapides.

La méthode proposée par Degiovanni et al. a été utilisée pour le calcul du coefficient de diffusivité transversale (méthode flash 1D) ; celle-ci prend en considération les pertes de chaleur ce qui permet un calcul plus précis du coefficient de diffusivité.

Pour l'estimation de la diffusivité thermique dans le plan (méthode flash 2D), on a d'abord utilisé la méthode proposée par Lachi et al. La diffusivité est alors obtenue en déterminant le rapport de deux thermogrammes mesurés en deux positions différentes de la face arrière du matériau analysé. Ensuite, on a utilisé la méthode proposée par Philippi et al. qui par l'utilisation de la transformation de Fourier en espace de deux profils thermiques spatiaux pris à deux instants différents après une excitation flash linéaire permet la détermination du coefficient de diffusivité.

Pour les trois méthodes, la limitation de la puissance laser et la durée de l'impulsion ne permettait pas d'obtenir des impulsions assimilables à une impulsion de Dirac sur laquelle les modèles d'inversion sont basés. Néanmoins, cela n'a pas empêché l'obtention de valeurs du coefficient de diffusivité du même ordre que celles trouvées dans la littérature scientifique.

Chapitre 4

Conclusion générale et perspectives

L'objectif que nous nous sommes proposés dans ce projet est d'améliorer la résolution temporelle de la caméra IR Phœnix FLIR Systems. Pour cela, nous avons réussi à mettre au point un montage à base de générateurs de signaux électriques et de triggers externes connectés à la caméra IR. Cela nous a permis d'obtenir des acquisitions à de très hautes fréquences d'excitation (i.e. quelques kHz). Ces dernières fréquences restent toutefois limitées par le temps d'intégration de la caméra IR ; il s'agit du facteur le plus contraignant pour l'application du principe de la détection hétérodyne en imagerie infrarouge.

La mise en œuvre d'un système hétérodyne pour l'amélioration de la résolution temporelle de la caméra IR a d'abord été réalisée sur une application de micro-électronique où une micro-résistance en silicium polycristallin est chauffée par effet Joule suite à des excitations impulsionnelles électriques. Cette mise en œuvre a été faite sur plusieurs étapes : **i)** la première fut le contrôle de la fréquence d'acquisition de la caméra IR par un générateur externe de type Agilent 33250 A [Annexe B2] ; **ii)** la seconde fut la synchronisation de la fréquence du signal d'excitation (i.e. de la puce électronique) avec la fréquence d'acquisition de la caméra IR en utilisant l'Option 001 de synchronisation dont sont équipés les générateurs dernière génération Agilent 33250 A [Annexe B3] ; **iii)** la dernière étape fut l'application d'un trigger externe via un générateur de signaux modèle Agilent 33120 A [Annexe B4] pour le contrôle du temps d'enregistrement des images infrarouges.

Une autre phase du projet fut l'application de la détection hétérodyne à la méthode thermophysique flash laser en vue de déterminer la diffusivité thermique d'un film en aluminium dont l'épaisseur était de quelques dizaines de micromètres. Cela s'est fait en intégrant un module laser à l'architecture hétérodyne déjà mise au point pour l'application micro-électronique. Le module laser génère des impulsions très courtes de l'ordre de quelques centaines de micro secondes. Cela s'est avéré d'une grande utilité vu que la haute vitesse d'acquisition temporelle dû à l'architecture hétérodyne nous a permis de déterminer le coefficient de diffusion à partir de transitoires thermiques très rapides.

La méthode flash exige en principe une seule impulsion laser pour perturber l'équilibre thermique de l'échantillon dont on veut estimer la diffusivité thermique. Mais vu que la détection hétérodyne ne fonctionne que pour des phénomènes périodiques, il a suffi d'exciter l'échantillon par une succession d'impulsions laser pour produire une onde périodique (i.e. un train d'impulsions). L'intérêt d'utiliser le principe d'hétérodynage dans le cadre du flash périodique a été démontré ici par la très grande précision du pas temporel (de l'ordre de la microseconde) qu'offrait la répétition d'une impulsion laser. Cet avantage non négligeable a permis de retrouver des réponses de type flash avec des résolutions temporelles de 4000 points voire plus ce qui ne pourrait pas être envisagé via des acquisitions ordinaires. La méthode d'hétérodynage trouve donc tout son intérêt ici. Le traitement du signal revient ensuite à utiliser des modèles thermiques classiques de réponse impulsionnelle. Nous avons estimé dans un premier temps le coefficient de diffusivité axial (i.e. dans l'épaisseur) en utilisant un modèle 1D, ensuite nous sommes passés aux modèles 3D pour l'estimation du coefficient de diffusivité radial (i.e. dans le plan).

La grande satisfaction de ce projet fut la réussite d'intégrer un système externe à une caméra IR haute de gamme pour le perfectionnement de celle-ci. Cela a été fait pour la première fois au niveau du laboratoire LVSN. Ce projet de recherche ouvre par ailleurs de nombreuses perspectives de recherche ; on peut imaginer par exemple l'intégration d'un système hétérodyne interne aux caméras IR pour détecter les hautes fréquences. Le montage réalisé fonctionne très bien mais des améliorations peuvent lui être apportées ; un exemple serait le développement d'une interface qui pourrait calculer automatiquement le temps de retard de l'acquisition des images infrarouges suite au signal d'excitation ; un autre exemple d'amélioration serait le remplacement des différents générateurs de signaux externes par une interface interne générant les signaux électriques désirés.

Bibliographie

[1] Balageas D.L., *Nouvelle méthode d'interprétation des thermogrammes pour la détermination de la diffusivité thermique par la méthode impulsionnelle*, Revue Phys. Appl., Vol. 17, pp. 227-237, 1982.

[2] Lachi M. et Degiovanni A., *Détermination des diffusivités thermiques des matériaux anisotropes par méthode flash bidirectionnelle*, J. Physique III, France 1, pp. 2027-2046, 1991.

[3] I. Philippi, J.C. Batsale, D. Maillet, A. Degiovanni, *Traitement d'images infrarouges par transformation intégrale - Application à la mesure de diffusivité thermique de matériaux anisotropes par méthode flash*, Rev. Gen. de Therm., Aout-Sept, pp. 392-393, 1994.

[4] D.P. Almond, P.M. Patel, *Photothermal Science and Techniques*, Chapman & Hall ed., ISBN 0-412-57880-8, 1996.

[5] Maldague X., *Theory and practice of infrared technology for nondestructive testing*, John Wiley & Sons ed., ISBN: 0471181900, 2001.

[6] W.J. Parker, R.J. Jenkins, C.P. Butler, G.L. Abbott, *Method of Determining Thermal Diffusivity, Heat Capacity and Thermal Conductivity*, Journal of Applied Physics, Vol. 32, No. 9, pp. 1679-1684, 1961.

[7] Balageas D.L., *Thermal diffusivity measurement by pulsed methods*, High Temp. High Press., Vol. 21, pp. 85-96, 1989.

[8] R.W. King, *A method of measuring thermal diffusivity*, Physical Review, Vol. 6, No. 6, pp. 437-445, 1915.

[9] A.B. Taylor, R.E. Donaldson, *Thermal diffusivity measurement by a radial heat flow method*, J. Appl. Phys., Vol. 46, pp. 4584-4589, 1975.

[10] K. Katayama, *A transient method of simultaneous measurement of thermal properties using a plane heat source*, JSME, Vol. 12, pp. 865-872, 1969.

[11] A. Kavianipour, J.V. Beck, *Thermal property estimation utilizing the Laplace transform with application to asphaltic pavement*, Int. J. Heat Mass Transfer, Vol. 20, pp. 259-267, 1977.

[12] D. Hadisaroyo, J.C. Batsale, A. Degiovanni, *Un appareillage simple pour la mesure de la diffusivité thermique de plaques minces*, J. Phys. III, France 2, pp. 111-128, 1992.

[13] L. Clerjaud, C. Pradère, J.C. Batsale, S. Dilhaire, S. Grauby, *Méthode d'hétérodynage pour la caractérisation d'écoulement microfluidique en gouttes par thermographie infrarouge*, Congrès Société Française de Thermique, 3-6 juin, Toulouse, France, 2008.

[14] S. Grauby, B. Brondin, Boué C., B.C. Forget, D. Fournier, *Synchronous thermal imaging*, REE : Revue de l'Électricité et de l'Électronique, Vol. 3, pp. 59-62, 1999.

[15] S. Grauby, B.C. Forget, S. Holé, B. Forget, D. Fournier, *High resolution photothermal imaging of high frequency phenomena using a visible charge coupled device camera associated with a multichannel lock-in-scheme*, Review of Scientific Instruments, Vol. 70, No. 9, pp.3603-3608, 1999.

[16] G. Tessier, S. Holé, D. Fournier, *Quantitative thermal imaging by synchronous thermoreflectance with optimized illumination wavelengths*, Applied Physics Letters, Vol. 78, No. 16, pp. 2267-2269, 2001.

[17] C. Pradère, *Caractérisation thermique et thermomécanique de fibres de carbone et céramique à très haute température*, Thèse de doctorat, École Nationale Supérieure des Arts et Métiers de Bordeaux, France, 2004.

[18] L. Clerjaud, C. Pradère, J.C. Batsale, S. Dilhaire, *Heterodyne method with an infrared camera for the thermal diffusivity estimation with periodic local heating in a large range of frequency (25 Hz to upper than 1 KHz)*, QIRT Journal, Vol. 7, No. 1, pp. 115-128, 2010.

[19] Degiovanni A., *Correction de longueur d'impulsion pour la mesure de la diffusivité thermique par méthode flash*, International Journal of Heat and Mass Transfer, Vol. 30, No. 10, pp. 2199-2200, 1987.

Annexe A
Implémentation sous l'environnement Matlab

A.1 Fonction Matlab pour la lecture des fichiers sfmov

```
----------------------------------------------------------------
-----------------------------------------------
function
img=sfmov_read(file,start_img,stop_img,skip_img,start_area,stop_area,T_cali
b);
%read an area of n image from the sfmov "file".
% the syntaxe is:
% img=sfmov_read(file,start_img,stop_img,skip_img,start_area,stop_area);
% or img=sfmov_read(file) mean all image in the file
% or img=sfmov_read(file,X,X,X) mean no selected area
% where:
% img = array of n image
% file = the 'file.sfmov'
% start_img = the firt image to be read
% stop_img = the last img to be read
% skip_img = number of image to skip
% start_area = [X Y] position of the top left corner of the selected area
% stop_area = [X Y] position of the bottom right corner of the selected area

% Ex: mat=sfmov_read('IN-000061.sfmov',23,2300,9);
img=0;
% test file name and location
if exist(file)==0;
    fprintf('no correct file input \n');
    return
end
if nargin < 2
    start_img = 1;
    skip_img=0;
end
if (nargin > 1 ) & (nargin < 4 )
    fprintf('missing argument\n');
    return
end
```

```
if (nargin > 4 ) & (nargin < 6 )  | nargin > 7 %For T-calib
    fprintf('missing selection argument\n');
    return
end
% test index limit
if start_img < 1
    fprintf('start_img should be > 0 \n');
    return
end
%open file
try
    file_id=fopen(file);
catch
    fprintf('impossible to open file \n');
    return
end
%path
last_path=findstr(file, '\');
path=file(1:max(last_path));
%find the "data" key word , mean end of the header
run=true;
nb_of_line_header=0;
while run
    try
        tline = native2unicode(fgetl(file_id));
        nb_of_line_header=nb_of_line_header+1;
    catch
        run=false;
        fprintf('header file not readable \n');
        return;
    end
    if   1 == strmatch('DATA', tline,'exact');
        run=false;
    end
end %while
position = ftell(file_id);
%read header
fseek(file_id, 0, 'bof');
for i=1:nb_of_line_header
    rem = native2unicode(fgetl(file_id)); % read line
    [token, rem] = strtok(rem);% separe data
    switch token
        case ('HDSIZE')
            if( 0 == strcmp( 'Auto', rem(2:end) ))
                fprintf('file not readable, yet');
                return
            end
        case ('XPIXLS')
            width_pixel = str2double(rem);
        case ('YPIXLS')
            high_pixel = str2double(rem);
```

```
            case ('ZPIXLS')
                dip_pixel = str2double(rem);
            case ('IMSIZE')
                img_size= str2double(rem);
            case ('NUMDPS') % not sure if it is the number of image
                img_nb = str2double(rem);
            case ('INCLUDE')
                include_file = strcat(path,rem(2:end));
            case ('REFILE')
            case ('CGFILE') % gain pixel correction file
                gain_file = strcat( path,rem(2:end));
            case ('COFILE') % offest pixel correction file
                offset_file= strcat( path,rem(2:end));
            case ('BPFILE') % bad pixel correction file
                bad_pixel_file = strcat( path,rem(2:end));
        end
end

%check the index with the number of image inside file
fprintf(' %d images of %dx%d pixels\n',img_nb, high_pixel,width_pixel);
if nargin < 2
    stop_img = img_nb;
    start_area=[1 1];
    stop_area=[width_pixel high_pixel];
end
if nargin < 5
    start_area=[1 1];
    stop_area=[width_pixel high_pixel];
end
if start_area(1) < 0
    start_area=[1 start_area(2)];
end
if stop_area(1) < 0
    stop_area=[1 stop_area(2)];
end
if ( start_area(1) > width_pixel) | ( stop_area(1) > width_pixel ) |
(start_area(2) > high_pixel ) | ( stop_area(2) > high_pixel)
    fprintf('Area selected out of image\n');
    return
end
if (start_area(1) > stop_area(1)) | start_area(2) > stop_area(2)
    fprintf('Area selection problem\n');
    return
end
% calcule the size of the area
area_wide = (stop_area(1) - start_area(1))+1;
area_high = (stop_area(2) - start_area(2))+1;
if ( stop_img > img_nb )
    fprintf('stop_img is greater than number of image inside the file (%d)
\n',img_nb)
```

```
        return
end
if ( skip_img > img_nb)
    frpintf('Not using skip, too big\n');
    skip=0;
end
% recalculate the last img
if ( skip_img == 0 )
    img_nb_skip=((stop_img-start_img)+1);
else
    a=1:img_nb;
    b=a(start_img:skip_img+1:stop_img);
    img_nb_skip=size(b,2);
end


%reading gain matrix --------------------------------------------------
%open gain file '.scg'
try
    file_gain_id=fopen(gain_file);
catch
    fprintf('impossible to open gain file \n');
    return
end
position_gain=0;
%read header
fseek(file_gain_id, position_gain+1, 'bof');
%check the basic bad pixel flag
temp_gain_file=fread(file_gain_id,1,'int8');
if temp_gain_file~=0
    fprintf('this seems not to be a gain file!\n')
    return
end
% read
NumX=fread(file_gain_id,1,'int16');
NumY=fread(file_gain_id,1,'int16');
if (NumX~=width_pixel) ||(NumY~=high_pixel)
    fprintf('this file does not match the image size!\n')
    return
end
matrix_gain=zeros(NumX,NumY)';
fseek(file_gain_id, position_gain+419, 'bof');
matrix_gain=fread(file_gain_id,[NumX, NumY],'float32')';
fclose(file_gain_id);
%reading offset matrix -------------------------------------------------
%open offset file '.sco'
try
    file_offset_id=fopen(offset_file);
catch
    fprintf('impossible to open offset file \n');
```

```
        return
end
position_offset=0;
%read header
fseek(file_offset_id, position_offset+1, 'bof');
%check the basic bad pixel flag
temp_offset_file=fread(file_offset_id,1,'int8');
if temp_offset_file~=1
    fprintf('this seems not to be a offset file!\n')
    return
end
% read
NumX=fread(file_offset_id,1,'int16');
NumY=fread(file_offset_id,1,'int16');
if (NumX~=width_pixel) ||(NumY~=high_pixel)
    fprintf('this file does not match the image size!\n')
    return
end
matrix_offset=zeros(NumX,NumY,'int16')';
fseek(file_offset_id, position_offset+419, 'bof');
matrix_offset=fread(file_offset_id,[NumX,NumY],'int16')';


fclose(file_offset_id);
%read data img -----------------------------------------------------------
%jump to the fIRt img
fIRt_img=(start_img*img_size)-img_size;
fseek(file_id, position+fIRt_img, 'bof');
try
    mat = zeros(area_high, area_wide,img_nb_skip, 'uint16' );
catch
    fprintf('Not enough memory for %d images \n',img_nb_skip);
    return;
end
img_temp = zeros(high_pixel,width_pixel,1);
for i=1:img_nb_skip;
    img_temp  =  fread(file_id,  [width_pixel,high_pixel]  ,  'uint16')';
mat(:,:,i)=uint16((double(img_temp(start_area(2):stop_area(2),start_area(1)
:stop_area(1))).*matrix_gain(start_area(2):stop_area(2),start_area(1):stop_
area(1)))+matrix_offset(start_area(2):stop_area(2),start_area(1):stop_area(
1)));

    skip_position = ftell(file_id);
    fseek(file_id, skip_position+(img_size*skip_img), 'bof');
end
fclose(file_id);
% read bad pixel ----------------------------------------------------------
%open bp file '.sbp'
try
    file_bp_id=fopen(bad_pixel_file);
catch
```

```
        fprintf('impossible to open Bad pixel file \n');
        return
end
position_bp=0;
%read header
fseek(file_bp_id, position_bp+1, 'bof');

%check the basic bad pixel flag
temp_bp_file=fread(file_bp_id,1,'int8');
if temp_bp_file~=2
    fprintf('this seems not to be a gain file!\n')
    return
end
% read
NumX=fread(file_bp_id,1,'int16');
NumY=fread(file_bp_id,1,'int16');
if (NumX~=width_pixel) ||(NumY~=high_pixel)
    fprintf('this file does not match the image size!\n')
    return
end
matrix_bad_pixel=zeros(NumX,NumY)';
% fseek(file_bp_id, position_bp+30, 'bof');
%
% temp=fread(file_bp_id,1,'float32');
% fprintf('bad pixel tolerance: %f \n',temp)
fseek(file_bp_id, position_bp+419, 'bof');

matrix_bad_pixel=uint8(fread(file_bp_id,[NumX,NumY],'int8')');
fclose(file_bp_id);
% apply bad pixel -------------------------------------------------
%this correction is not perfect , missing the correction on the side
pos_corrected=matrix_bad_pixel(start_area(2):stop_area(2),start_area(1):sto
p_area(1));
pos_corrected( 1,: )=0;
pos_corrected(end,:)=0;
pos_corrected(:,1)=0;
pos_corrected(:,end)=0;
pos_bp = find( pos_corrected > 0 );
s = [area_high,area_wide];
[I,J] = ind2sub(s,pos_bp);
mat(I,J,:)=uint16((mat(I-1,J+1,:)+mat(I-1,J,:)+mat(I,J-1,:)+mat(I+1,J-
1,:)+mat(I+1,J,:)+mat(I+1,J+1,:)+mat(I,J+1,:)+mat(I,J-1,:))/8);
%img=mat;
% Temperature calibration (optional)
if nargin < 7;
    img=mat;
    disp('No temperature calibration')
else
    img=single(mat);
    disp('Applying temperature calibration using Phoenix 25mm (2006 02
02)...')
```

```
a0 =  -47.7748;
a1 =    0.047359;
a2 =  -1.0778e-005;
a3 =    1.3755e-09;
a4 =  -7.0384e-014;
img = a0 + a1*img + a2*img.^2 + a3*img.^3+ a4*img.^4;end
```

A.2 Algorithme Matlab pour le calcul de la moyenne des quatre cycles

```
%%%Moyenne quatre cycles
%%%%REALISÉ PAR M.BOUELLIS NABIL
function imgmoy(file);
img=sfmov_read(file);
for i=1:128
for j=1:64
for k=1:2000
img1(j,i,k)=img(j,i,k);
end
end
end
img=sfmov_read(file);
for i=1:128
for j=1:64
for k=2001:4000
    l=k-2000;
img2(j,i,l)=img(j,i,k);
end
end
end
img=sfmov_read(file);
for i=1:256
for j=1:256
for k=4001:6000
    l=k-4000;
img3(j,i,l)=img(j,i,k);
end
end
end
img=sfmov_read(file);
for i=1:256
for j=1:256
for k=4001:6000
    l=k-4000;
img3(j,i,l)=img(j,i,k);
end
end
end
img=sfmov_read(file);
for i=1:256
for j=1:256
for k=6001:8000
    l=k-6000;
```

```
img4(j,i,l)=img(j,i,k);
end
end
end
imgmoy=(img1+img2+img3+img4)./4;

for i=1:256
for j=1:256
for k=1001:2000
   l=k-1000 ;
imgrec1(j,i,l)=imgmoy(j,i,k);
end
end
end
for i=1:256
for j=1:256
for k=1:1000

imgrec2(j,i,k)=imgmoy(j,i,k);
end
end
end
for i=1:256
for j=1:256
for k=1:2000
  l=k-1000;
    if k<=1000
imgrec(j,i,k)=imgrec1(j,i,k);
   else
 imgrec(j,i,k)=imgrec2(j,i,l);
   end
end
end
end
ir_view(img);
ir_view(imgrec);
```

A.3 Algorithme Matlab pour le calcul de la moyenne en surface

```
%%%PROGRAMME MOYENNE SUR surfacique CYCLES
%%%%REALISÉ PAR M.BOUELLIS NABIL
%%% X=[x1 y1] start area
%%% Y=[x2 y2]   end area
%%% K= frame number
function areamoy(file,X,Y,K);
img=sfmov_read(file,1,K,0,X,Y);

imgA=mean(mean(img));
ir_view(img);
ir_view(imgA);
end
```

A.4 Algorithme Matlab pour le calcul du coefficient de diffusivité

```
%%%%%calcul du coefficient thermique
%%%%%M.BOUTELLIS NABIL
function polydec(file,A,B,d,l);
ep=0.00132;
img=sfmov_read(file,1,8000,0,[43 20],[76 51]);
imgA=mean(mean(img));
imgA=reshape(imgA,1,8000);

y=imgA(A:B);
x = 1:length(y);
xi= 1:.1:length(y);
yi = interp1(x,y,xi,'linear');

x=1:length(y);
xp=d:.1:length(y)
p=polyfit(xi,yi,l);
yy=polyval(p,xp);

my=min(y);
m=min(yy);
M=max(yy);
%plot(xi,yi)
plot(xp,yy-m,'.',x,y-my,'+')
%Calcul des amplitudes x%%
x56=(M-m)*5/6;
x23=(M-m)*2/3;
x12=(M-m)*1/2;
x13=(M-m)*1/3;
%%%%Calcul t5/6


for i=1:length(yy)
    c56(i)=abs(x56-yy(i)+m);
end

for i=1:length(yy)
    if c56(i) == min(c56)
            t56=i
    end
end

%%%%Calcul t2/3
for i=1:length(yy)
    c23(i)=abs(x23-yy(i)+m);
end
c23;
for i=1:length(yy)
    if c23(i)== min(c23)
        t23=i
    end
end
%%%%Calcul t1/2
for i=1:length(yy)
    c12(i)=abs(x12-yy(i)+m);
end
```

```
c12;
for i=1:length(yy)
    if c12(i)==min(c12)
        t12=i

    end
end
%%%%Calcul t1/3
for i=1:length(yy)
    c13(i)=abs(x13-yy(i)+m);
end
c13;
for i=1:length(yy)
    if c13(i)==min(c13)
        t13=i
    end
end
T56=t56/10000;
T23=t23/10000;
T12=t12/10000;
T13=t13/10000;
%%calcul des coeff
a23=((ep)^2/T56)*[7.1793*(T23/T56)^2-11.9554*(T23/T56)+5.1365]
a12=((ep)^2/T56)*[0.6148*(T12/T56)^2-1.6382*(T12/T56)+0.968]
a13=((ep)^2/T56)*[1.0315*(T13/T56)^2-1.8451*(T13/T56)+0.8498]
function rsm(file,A,B,l,l1,l2);
```

A.5 Algorithme Matlab pour le calcul du coefficient de diffusivité avec le tracé des courbes

```
img=sfmov_read(file,1,8000,0,[43 20],[76 51]);

imgA=mean(mean(img));
imgA=reshape(imgA,1,8000);
my=min(imgA);

y=imgA(A:B);
x=1:length(y);
xp=1:1:length(y);
p=polyfit(x,y,l);
yy=polyval(p,xp);
Mp=max(yy);
mp=min(yy);


for i=1:length(yy)
    c(i)=abs(Mp-yy(i));
end

for i=1:length(yy)
    if c(i)== min(c)
        xMp=i+A-1
    end
```

```
end
A1=xMp-50;
B1=xMp+40;
to=A1-A;

y1=imgA(A1:B1);
x1=1:length(y1);
xp1=1:.1:length(y1);
p1=polyfit(x1,y1,l1);
yy1=polyval(p1,xp1);
tof=B1-A1+to;
C=.1*(Mp-mp)+mp;
D=.8*(Mp-mp)+mp;

for i=1:length(yy)
    c1(i)=abs(C-yy(i));
end

for i=1:length(yy)
    if c1(i)== min(c1)
        A2=i+A-1;
    end
end
for i=1:length(yy)
    c2(i)=abs(D-yy(i));
end

for i=1:length(yy)
    if c2(i)== min(c2)
        B2=i+A-1;
    end
end
t1=A2-A;
y2=imgA(A2:B2);
x2=1:length(y2);
xp2=1:.1:length(y2);
p2=polyfit(x2,y2,l2);
yy2=polyval(p2,xp2);
t1f=B2-A2+t1;

    hold all;
plot(to:.1:tof,yy1-mp,'b','linewidth',2)


plot(t1+1:.1:t1f+1,yy2-mp,'linewidth',2)
plot(x,y-mp,'+')
```

A.6 Algorithme Matlab pour le calcul du coefficient de diffusivité longitudinal (2D)

```
%%Programme de calcul du coefficient de diffusivité longitudinal
%%Réalisé par M. nabil Boutellis
%%Université Laval

function lg(file)
```

```
img=sfmov_read(file,3920,7970,0,[1 16],[157 80]);
img= double(img);
   Mg1=mean(img);
   mm=mean(img);
    Mg1=reshape(Mg1-476,214,4051);
hold all
plot(Mg1(:,86))
plot(Mg1(:,4051))
ir_view(mm)

x=1:124;
for i=1:124
    for j=1:124
        F(i,j)=((0.08)/256)*cos((i-1)*j*pi/256);
    end
end
fft=F*Mg1;
h1=((fft(:,114)));
l1=((fft(:,1014)));
 %plot(x,h,'+',x,l,'o')
 A1=log(l1./h1);
for i=1:124
    e(i)=(i*pi/(0.08))^2;
end

plot(e,A1,'o')
```

A.7 Algorithme Matlab pour le calcul du coefficient de diffusivité radiale

```
%%Progrmme Matlab pour le calcul du coefficient du diffusivuté radiale
%%% Méthode lachi
%%%Réalisé par M.Nabil Boutellis
%%% Université Laval
img=sfmov_read(file,3940,7909,0);
%ir_view(img-500)
img=img-530;
for i=1:3970
T1(i)=img(23,78,i);
end

T1=double (T1);
T2=img(23,86,:);
T2=reshape(T2,1,3970);
T2=double(T2);
y1=T1(1:2000);
x1=1:length(y1);
xp1=1:1:length(y1);
p1=polyfit(x1,y1,46);
yy1=((polyval(p1,xp1)-8)/282);

y2=T2(1:2000);
x2=1:length(y2);
xp2=1:1:length(y2);
```

```
p2=polyfit(x2,y2,16);
yy2=(polyval(p2,xp2)-8)/282;
hold all
plot(xp1,yy1,'.')
plot(xp2,yy2,'.')

R=(((T2./T1)/.8));
y3=R(1:2000);
x3=1:length(y3);
xp3=1:1:length(y3);
p3=polyfit(x3,y3,8);
yy3=polyval(p3,xp3);

%Calcul des amplitudes f%%
f1=.1;
f2=.3;
%%%%Calcul t1 et t2


for i=1:length(yy3)
    c1(i)=abs(f1-yy3(i));
end

for i=1:length(yy3)
    if c1(i) == min(c1)
           t1=i
    end
end
for i=1:length(yy3)
    c2(i)=abs(f2-yy3(i));
end

for i=1:length(yy3)
    if c2(i) == min(c2)
           t2=i
    end
end
x=1:3970;
%plot(x,T1,x,T2)
plot(xp3,yy3)
Mo=0;
M1=0;
for i=t1:t2
Mo=Mo+y3(i)/1000;
end
for i=t1:t2
M1=M1+y3(i)/(i);
end
F=0.0235656-0.069188*M1+0.48723*M1^2-1.3284*M1^3+1.1736*M1^4;
Ar=.0052^2*F/Mo
```

Annexe B
Matériel utilisé

B.1 Système d'acquisition dans l'IR moyen (MWIR)

FIGURE.B.1. Caméra IR : Phœnix Indigo de FLIR Systems

Type de détecteur : InSb, CMOS
Bande spectrale : 1.5 – 5.0 µm, avec filtre froid passe-bande : 3.0 - 5.0 µm.
Résolution spatiale : 640 x 512 pixels
Résolution numérique : 14 bits/Pixel
Résolution thermique < 25 mK à 25 °C
Température de service : -20 °C à +71 °C
Type d'intégration : Snapshot
Refroidissement : Module Stirling
Poids : 3.2 kg

B.2 Générateur Agilent 33250A

FIGURE B.2 Générateur Agilent 33250A

- 80 MHz sine and square wave outputs
- Sine, square, ramp, noise and other waveforms
- 50 MHz pulse waveforms with variable rise/fall times
- 12-bit, 200 MSa/s, 64K-point deep arbitrary waveform
- Option 001

The Agilent Technologies 33250A Function/Arbitrary Waveform Generator uses direct digital-synthesis techniques to create a stable, accurate output on all waveforms, down to 1 µHz frequency resolution. The benefits are apparent in every signal you produce, from the sine wave frequency accuracy to the fast rise/fall times of square waves, to the ramp linearity. Front-panel operation of the 33250A is straightforward and user friendly. The knob or numeric keypad can be used to adjust frequency, amplitude and offset. You can even enter voltage values directly in Vpp, Vrms, dBm, or high/low levels. Timing parameters can be entered in hertz (Hz) or seconds.

B.3 Option 001

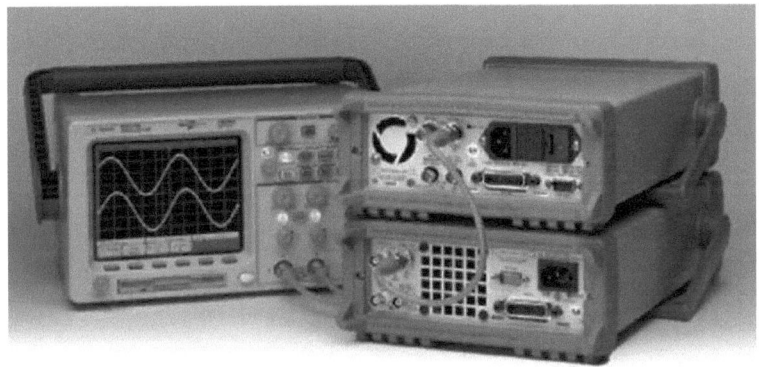

FIGURE B. 3 a) Branchement pour l'utilisation de l'option de synchronisation OO1

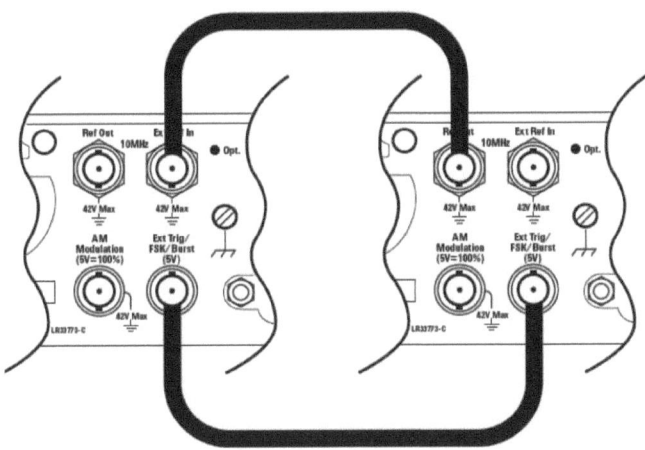

FIGURE B. 3 b) Branchement pour l'utilisation de l'option de synchronisation OO1

B.4 Générateur Agilent 33120A

FIGURE B.4 – Agilent 33120 A

- 15 MHz sine and square wave outputs
- Sine, triangle, square, ramp, noise and more
- 12-bit, 40MSa/s, 16,000-point deep arbitrary waveforms
- Direct digital synthesis for excellent stability

Annexe C
Diode laser

APPOLO INSTRUMENTS INC.

FIGURE C.1 – High brightness and high power laser diode

Type A (S30-808-6)

Puissance Maximum	30 W
Diamètre de la fibre	600 µm
Longueur d'onde du laser	808 nm

Typical Specifications for Turnkey Fiber Coupled Laser Diode Systems			
Operation Modes	Standard: CW, Single Shot, Repetitive, TTL Triggered Optional: External Analog and Digital Input	Ambient Temperature	0-30°C
		Humidity	5-95%, non-condensing
Interface	Front Panel, RS-232	Cooling	Type A: Internal Fans Type B: Water Cooling Type C-E: Water Cooling
Pulse Width	Standard: 30ms – CW Optional: 100µs – CW		
Pulse Frequency	Up to 1kHz, internal pulse	Dimension	Type A, C-E: 18"x16"x7.5" (457x406x199mm) Type B: 14.5"x14.5"x4" (370x370x199mm)
External Input	0-5V for analog and digital signals		
Transfer Function	10A/V; Max Slew Rate 3A/µs	Weight	Type A: 45 lbs (20kg) Type B: 35lbs (16kg) Type C & D: 70lbs (32kg) Type E: 80lbs (36kg)
Input Power	110/220 VAC; 50-60Hz		
Power Stability	±5%	Output Port	SMA 905
Noise	1% rms	Fiber	3m armored fiber
Water Cooled Device Specifications (See data sheets for precise values)			
Water Quality	Distilled Water recommended	Flow Rate	<1GPM for lasers 0-100W ≤1.5GPM for lasers 100W+
Max Pressure	90 psi	Coolant Temperature	See accompanying data sheet

Annexe D

Puce résistive 29 TPD

FIGURE D.1 - Puce résistive 29TPD

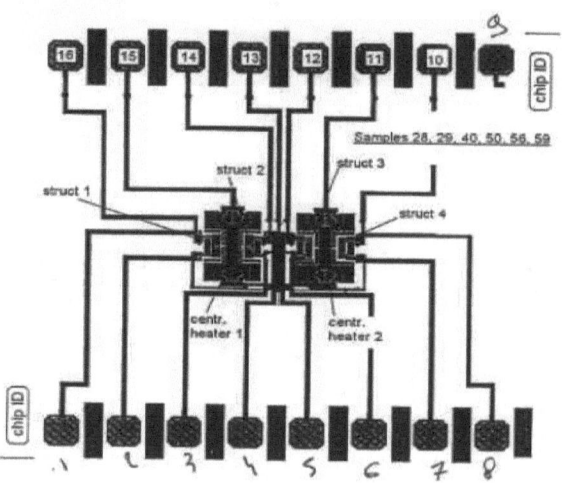

Map #1: Chips 28, 29, 40, 45, 50, 56, 59.
- pin 13 – common for all heaters
- heater 16 heats structure 1
- heater 14 heats structure 2
- heater 12 heats structure 3
- heater 10 heats structure 4
- heater 15 is central heater 1
- heater 11 is central heater 2
- typical resistance of the heaters is 1.3kOhms
- structures start to glow at approximately 6V of applied voltage.

Annexe E

« Quick start » du montage hétérodyne

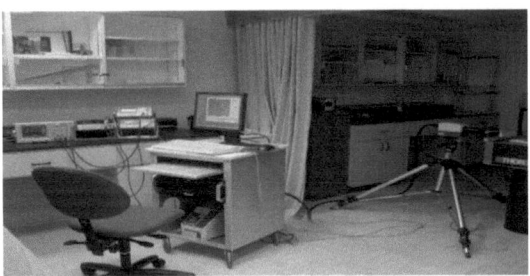

FIGURE 1 - Photo panoramique du montage hétérodyne

I. Allumage de la caméra Phœnix MWIR

1- Connecter le câble Data noir de la caméra au terminal Niagara.
2- Vérifier que la clef USB (licence) ainsi que le câble RJ 45 (Réseau) sont bien connectés.
3- Brancher le câble d'alimentation du terminal Niagara.
4- Allumer le terminal Niagara et introduisez votre NIP et Nom d'utilisateur.
5- Allumer la caméra Phœnix via le module Phœnix's Controler avec le Switch se trouvant à l'arrière de celui-ci. Le système de refroidissement de la caméra devrait démarrer.
6- Lancer l'interface de contrôle de la caméra *PhœnixUsager.exe* et attendre jusqu'à se que la température du FPA soit rendu à 79.9 K.

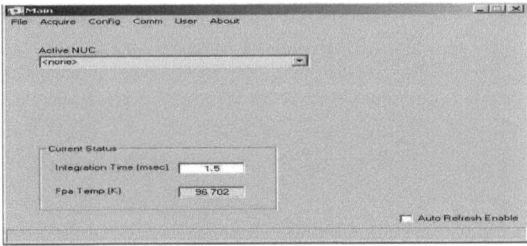

FIGURE 2 - Interface RDac pour le contrôle de la caméra Phoenix

II. Connexion des différents équipements

Un schéma global du montage hétérodyne est illustré ci-dessous :

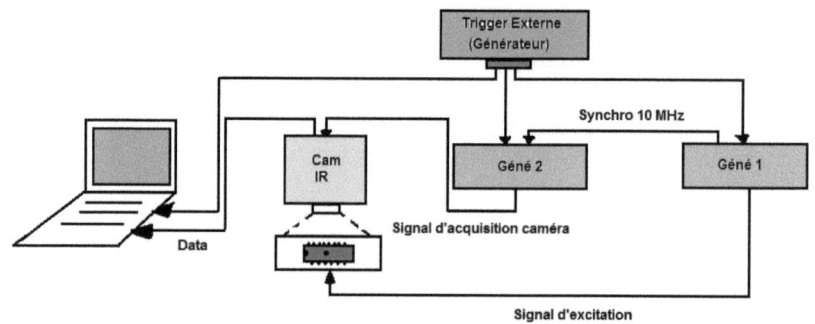

FIGURE 3- Montage hétérodyne

La liste des équipements utilisés :

Trigger Externe (Générateur)	Agilent 33120 A 15MHz
Générateur 1	Agilent 33220 A 20 MHz
Générateur 2	Agilent 33220 A20 MHz
Caméra IR	Phœnix MWIR 3-5µm FLIR
Lentille IR	ASIO 4.0X
Puce résistive	Circuit intégré [Annexe D]

TABLEAU 1 Matériel utilisé

On utilise des câbles coaxiaux pour lier les différents équipements de la façon suivante :

FIGURE 4 - Câble coaxial

1. On commence par le câblage de l'option 001 (Synchro 10 MHZ) et cela en connectant la sortie **Trig out** du premier générateur Agilent 33220 A 20 MHz à l'entrée **Trig in** du deuxième générateur Agilent 33220 A 20 MHz comme illustré dans la figure 5.

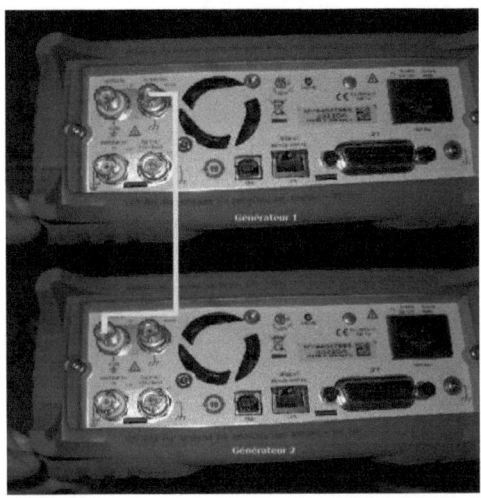

FIGURE 5- Connexion entre les deux générateurs Agilent afin d'activer l'option OO1

2. Connecter le générateur Agilent 33120 A 15MHz qui servira de Trigger externe aux deux générateurs cités ci-dessus ainsi qu'au terminal Niagara suivant les figures 6 et 7, en utilisant un T coaxial.

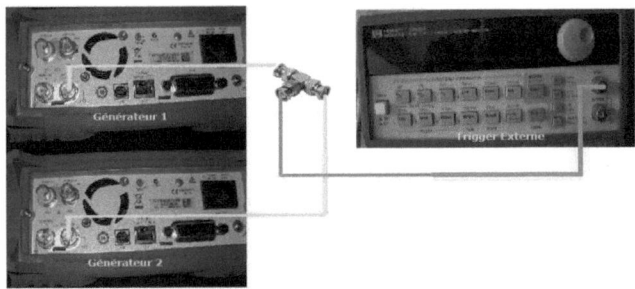

FIGURE 6 - Connexion du trigger externe aux deux générateurs Agilent 33220 A 20 MHz

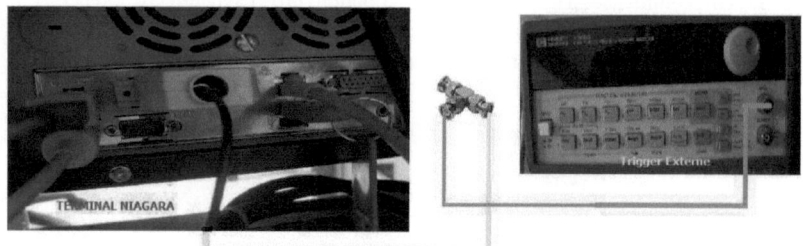

FIGURE 7- Connexion de Trigger externe Agilent 33120 A 15MHz au terminal Niagara

3. Connecter le deuxième générateur Agilent 33220 A 20 MHz au module de contrôle de la caméra « Camera Head », selon le montage suivant :

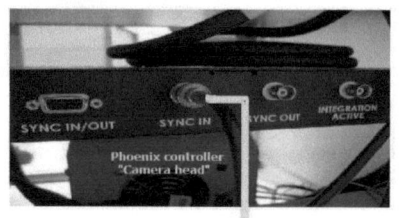 

FIGURE 8- Connexion du deuxième Générateur Agilent 33220 A 20 MHz avec le module de contrôle de la caméra Phoenix « Camera head »

4. Connexion du premier générateur Agilent 33220 A 20 MHz avec la puce résistive.

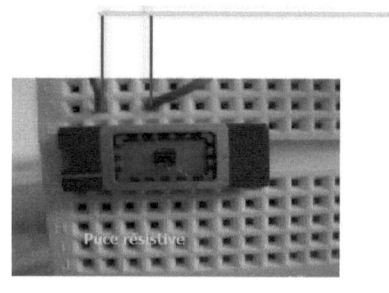 

FIGURE 9- Connexion du premier générateur Agilent 33220 A 20 MHz avec la puce
*Voir Annexe D pour plus de détails sur la puce résistive utilisée

III. Configuration des générateurs
1. Configuration du premier générateur Agilent 33220 A 20 MHz

1. Brancher l'alimentation du générateur et l'allumer.
2. Cliquer sur la touche « Burst » puis sélectionner le type de cycles « Infinite » avec la touche située juste au dessous du menu «Cycles»

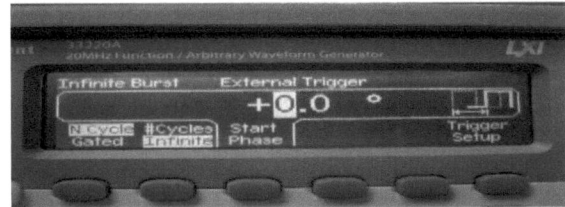

3. Sélectionner le menu « Trigger Setup » en appuyant sur la touche située au-dessous.
4. Sélectionner source « Ext » du Trig avec le front montant comme indiqué sur la figure ci-dessous.

2. Configuration du deuxième générateur Agilent 33220 A 20 MHz

La procédure est la même que pour le premier générateur sauf pour la dernière étape 4 où l'on choisit le Trig Externe au front descendant comme le montre la figure suivante.

On clique sur « DONE » pour sauvegarder la configuration ainsi que sur le Bouton *Output* pour la sortie du signal.

Une fois ces configurations achevées vous n'avez plus qu'a choisir le type de signal TTL pour la caméra et un autre pour l'excitation de la source et fixer le Δf que vous voulez avoir. Voir **Configuration du signal excitation.**

3. Configuration du signal d'excitation Générateur 1.

a) **Signal carré**

Dans le cas où le signal est carré on procède comme suit

1. Cliquer sur le bouton 4 afin de sélectionner le mode carré.
2. Cliquer sur le bouton 1 pour sélectionner la fréquence.
3. Entrer la valeur de la fréquence à l'aide du clavier 6.
4. Clique sur 2 pour sélectionner l'amplitude.
5. Entrer la valeur de l'amplitude à l'aide du clavier 6.
6. Cliquer sur le bouton 7.

b) **Train d'impulsion**

Dans le cas d'un train d'impulsion la démarche est comme suit

1. Cliquer sur le bouton 5 pour sélectionner le mode pulse.
2. Cliquer sur le bouton 1 pour sélectionner la fréquence.
3. Entrer la valeur de la fréquence à l'aide du clavier 6.
3. Clique sur le bouton 3 pour sélectionner la largeur de l'impulsion.
4. Clique sur 2 pour sélectionner l'amplitude.
5. Entrer la valeur de l'amplitude à l'aide du clavier 6.
4. Cliquer sur le bouton 7.

NB. La configuration pour le générateur 2 se fait de la même manière sauf que l'on choisit le type de signal carré uniquement.

4. Configuration du générateur Agilent 33120 A 15MHz

1. Brancher l'alimentation du générateur et l'allumer.
2. Cliquer sur le bouton [Shift] puis cliquer sur le bouton [Burst] afin de configurer le Trig.
3. Cliquer sur le bouton [⎍] pour sélectionner la forme carrée pour le signal trig.
4. Tourner le bouton à droite jusqu'à atteindre la fréquence voulue.
5. Cliquer sur le bouton [Single TRIG] pour actionner le trig.

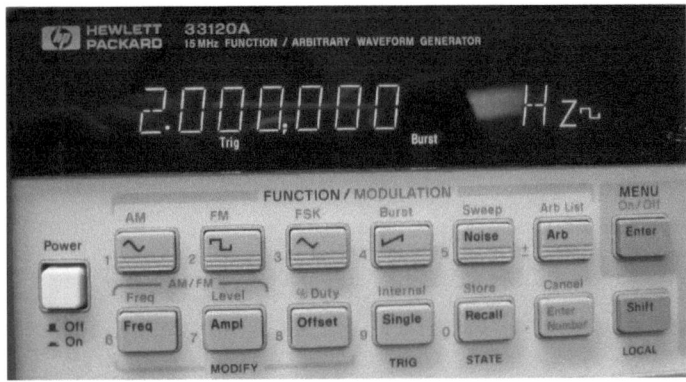

FIGURE 10- Configuration du Trigger externe Agillent 33120 A

La fréquence choisie pour le générateur Agilent 33120 A doit être un diviseur de la fréquence imposée à la caméra Phœnix par le deuxième générateur Agilent 33220 A 20 MHz.

IV. Configuration de l'interface de contrôle RDac de la Caméra Phœnix

1. Lancer l'interface de contrôle de la caméra *Phœnix Usager*.
2. Cliquer sur l'onglet `Config`

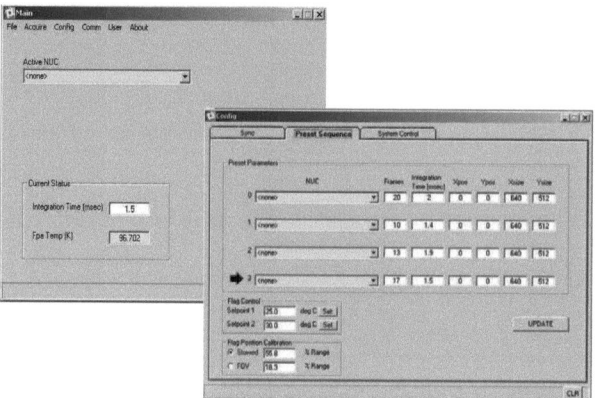

3. Cliquer sur l'onglet `Syncro` et sélectionner dans la fenêtre `Readout/Sync Mode` l'option `Async Integrate Then Read` ensuite séléctionner `External` comme type de synchronisation `Sync Source`

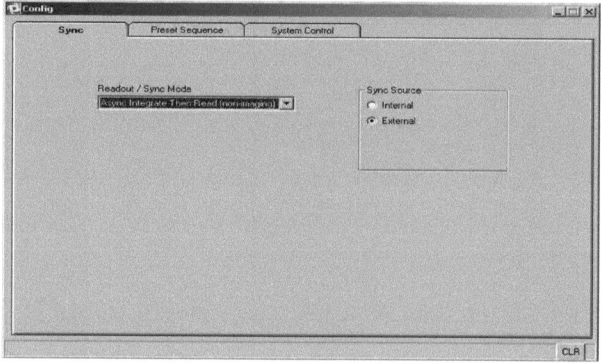

4. Relancer l'interface `Main` et sélectionner dans `User` l'option `Expert`

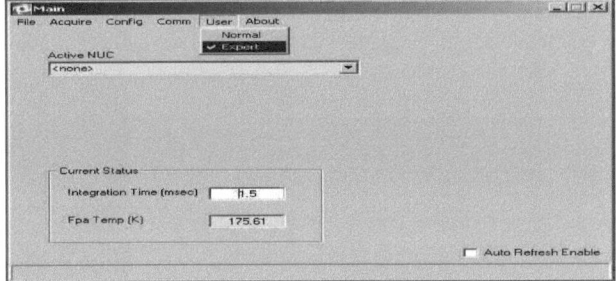

5. Vérifiez que le `Sync Delay` est à zéro afin de supprimer tout retard d'acquisition

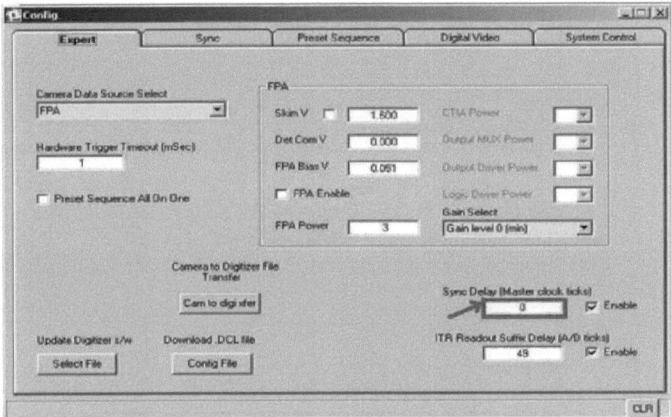

6. Lancer l'interface `RDac` de l'acquisition de la caméra en choisissant une taille de fenêtre adéquate pour les besoins de l'expérience.

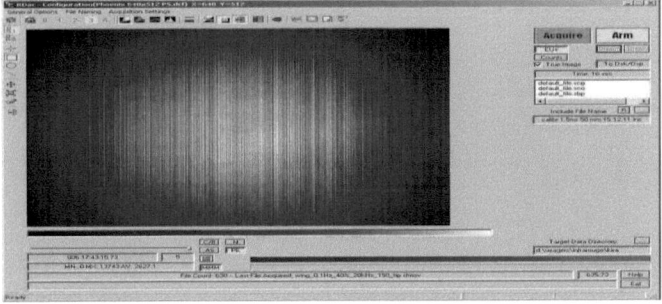

7. Configuration de l'enregistrement de la caméra de sorte que les éléments 1 et 2 soient sélectionnés et ne pas oublier de mentionner le nombre d'images que l'on veut sauvegarder en 3.

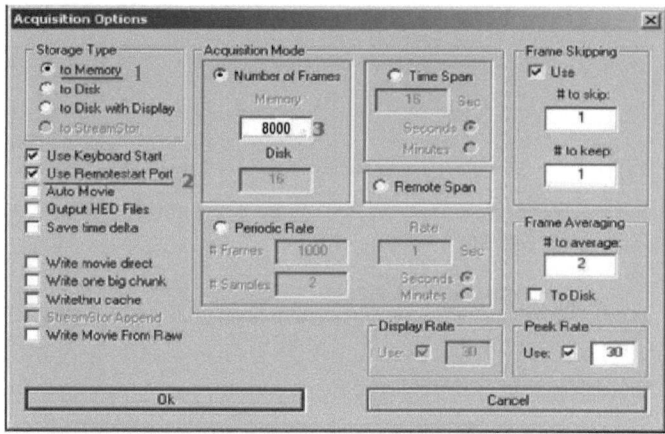

La capacité mémoire varie selon la taille de la fenêtre elle peut atteindre 20000 trame pour une taille de 124x68.

8. Cliquer sur Arm pour activer le trig externe pour l'enregistrement de la caméra

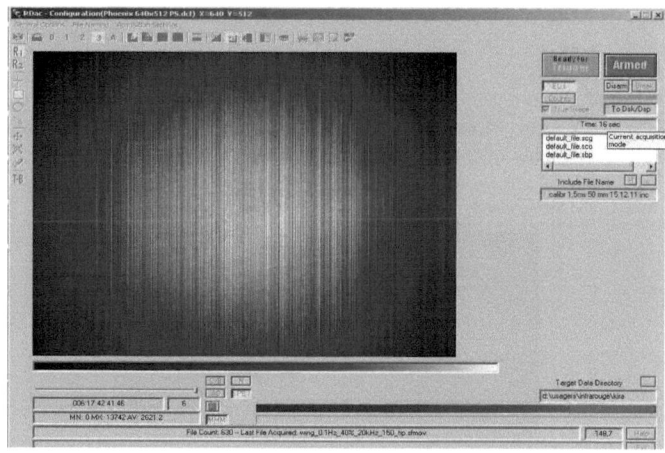

V. Lancement de l'expérience

Le lancement de l'expérience commence par le trigger externe Agilent 33120 A 15MHz, en appuyant sur la touche. Ce dernier va trigger le premier générateur au front descendant c'est-à-dire au moment de l'appui sur la touche trig et va trigger le deuxième générateur au front montant de l'impulsion ainsi que l'enregistrement de la caméra. Le premier générateur va synchroniser la caméra sur la fréquence du signal choisi et le deuxième générateur va exciter la puce avec un signal de la deuxième fréquence choisie.

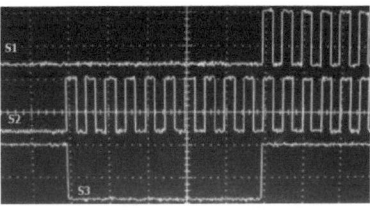

Source	Signal	Destination	
Géné1	S1	Puce résistive	
Géné2	S2 (TTL)	Caméra IR	
Trigger Externe	S3 (TTL)	⌐	Gene 1 + Ordi
		⌙	Gene 2

FIGURE 11- Les différents signaux du montage hétérodyne

VI. Détermination du temps de retard t_d

Pour déterminer le temps de retard t_d on procède de la façon suivante :

1. On lance l'expérience comme mentionné en V.

2. On note le temps qui s'affiche en 1 ce dernier indique le moment du trigger pour l'enregistrement de la caméra.

3. On note le temps 2 qui indique le moment du commencement de l'enregistrement.

4. Cette différence de temps nous donne le temps de retard t_d.

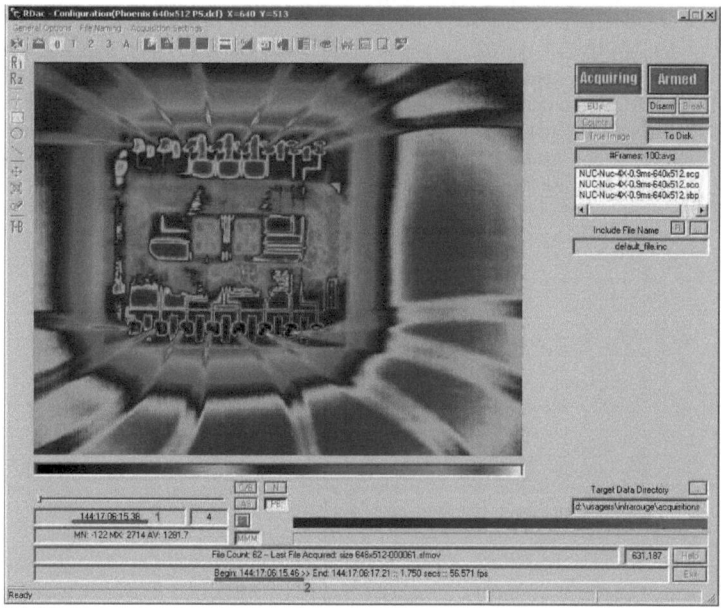

FIGURE 12 Détermination du temps de retard t_d

VII. Montage laser

Le montage reste le même sauf pour la connexion laser à la place de la puce au montage hétérodyne comme illustré dans la figure :

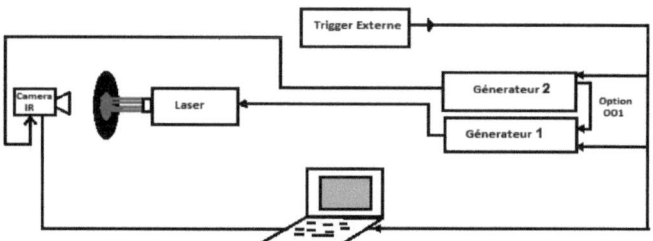

FIGURE 13 Montage hétérodyne avec le module laser

a. Connexion du laser

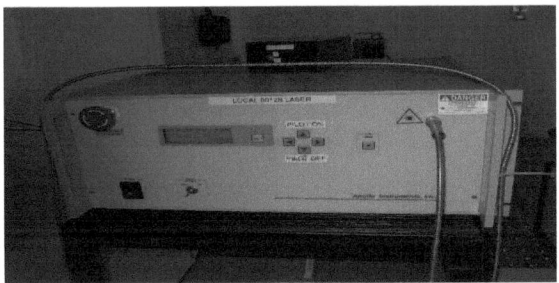

1. Connexion de la sortie générateur 1 output vers l'entrée du module laser " modulation Input" qui se trouve sur la face arrière.

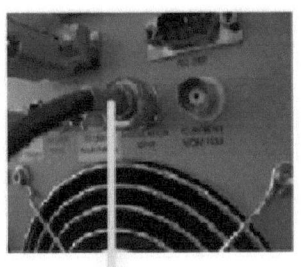 

2. Mise en place de la fibre optique

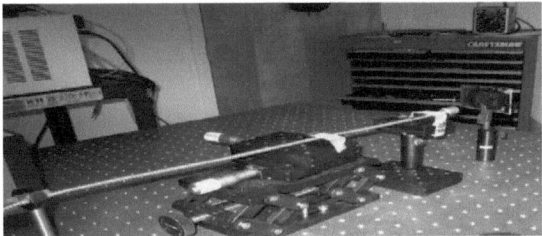

b. Installation du capteur (Photodiode)

1. Mettre le capteur sur ON

2. Connexion du capteur avec l'amplificateur

Le capteur Photodiode nous permet de visualiser le signal laser sur l'oscilloscope.

3. Connexion de l'Amplificateur à l'oscilloscope

 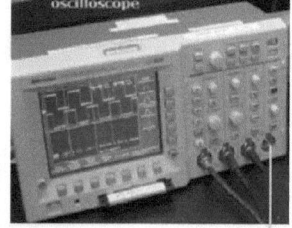

c. Allumage du laser

1. Tourner la clef de verrouillage vers ON

2. Mettre la sécurité Laser sur ON

3. Allumer le laser

d. Configuration du laser

1. Après l'allumage cliquer sur setup.

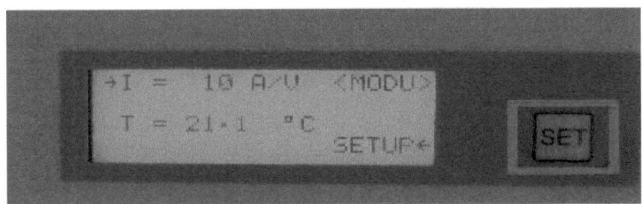

2. Sélectionner le mode "MODU".

3. Cliquer sur la LED

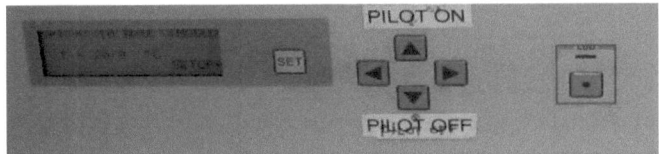

e. Configuration du mode modulation

Main Menu	Setup Menu, Page 1			Setup Menu, Page2		
Current	I_{MAX}	T_s	T_{MAX}	Pulse/Trig	Pulse Width	Time Delay
25 A	preset	Refer to cooling requirements	preset	MODU	N/A	N/A

Pre-operation checklist:
- ✓ Proper cooling method is implemented
- ✓ Interlock is shorted
- ✓ Remove connections from Laser Enable / Remote Control port
- ✓ Turnkey is switched to "ON" position.
- ✓ Fiber cable output cap is removed.
- ✓ Beam directed at a power meter or suitable beam block.

Testing Procedure:
- ✓ Pre-operation checklist completed. Adjust the Setup menu settings to those in the above chart.
- ✓ Connect an analog signal to the Modulation Input BNC port on the back panel of the laser driver.
- ✓ From the main menu, press the LDD button to initialize the laser output.
- ✓ The laser active LED is lit and the laser output follows the input signal.
- ✓ Press the LDD button again to terminate the laser output.
- ✓ If finished with use, turn off the laser driver power, replace the fiber cable output cap, and, if applicable, turn off the chiller.

NOTE:
The Laser Enable / Remote Control feature does not operate in MODU mode.

WARNING
The magnitude of the input signal for analog modulation determines the operating current for the laser at a ratio of 15A/V. It is critical not to exceed the appropriate operating current levels in order to avoid laser damage. If 45 A is the maximum operating current, 3V should be the limit of the input signal!

Annexe F

Calcul du retard Δt

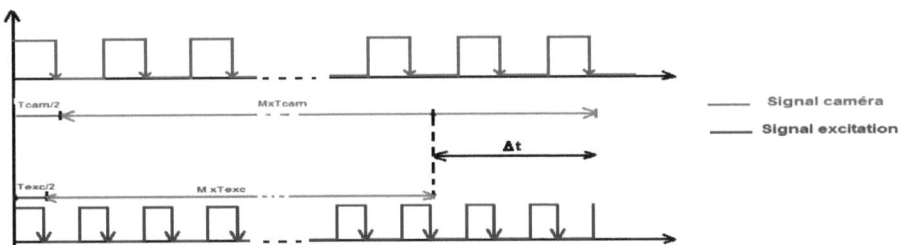

T_{cam} : Période du signal caméra

N : Nombre de points acquis par la caméra en un cycle d'excitation

T_{exc} : Période du signal excitation

On pose $t_d = M.T_{cam}$ avec M entier

On a $\Delta t = \left(\frac{T_{cam}}{2} + M.T_{cam}\right) - \left(\frac{T_{exc}}{2} + M.T_{exc}\right)$ et $T_{cam} = (q + \frac{1}{N})T_{exc}$ q entier

pour $q=1$ $\qquad T_{cam} = \left(1 + \frac{1}{N}\right)T_{exc} = \left(\frac{N+1}{N}\right)T_{exc}$

d'où $\qquad \Delta t = \left(\frac{N+1}{N}\right)T_{exc}\left(\frac{1}{2} + M\right) - T_{exc}\left(\frac{1}{2} + M\right) = T_{exc}\left(\frac{1}{2} + M\right)\left(\frac{N+1}{N} - 1\right)$

alors $\quad \Delta t = T_{exc}\frac{2M+1}{2N}$ $\hfill (1)$

On remarque que si $M < N$ alors $\Delta t < T_{exc}$

Sachant que

$$\frac{T_{cam}}{2} + t_d = \frac{T_{cam}}{2} + M.T_{cam} = T_{cam}\left(\frac{1}{2} + M\right) = T_{cam}\left(\frac{2M+1}{2}\right)$$

avec $q = 1$ et $T_{cam} = (q + \frac{1}{N})T_{exc}$

donc $$\frac{T_{cam}}{2} + t_d = \left(\frac{2M+1}{2}\right)\left(\frac{N+1}{N}\right) T_{exc}$$

d'où $$\frac{\frac{T_{cam}}{2}+t_d}{N+1} = \left(\frac{2M+1}{2N}\right) T_{exc} \qquad (2)$$

En remplaçant (2) dans l'équation (1) on obtient :

$$\Delta t = \frac{\frac{T_{cam}}{2} + t_d}{N+1}$$

Vu que pour chaque N cycles les points d'acquisitions se répètent alors

Pour que $\Delta t < T_{exc}$ dans le cas ou $M \geq N$

$$\Delta t = \frac{\frac{T_{cam}}{2}+t_d}{N+1} \bmod [T_{exc}] \qquad (3)$$

NB. Dans le cas d'une excitation impulsionnelle

Le temps de retard se déduit facilement :

Soit $\quad \Delta t' = \left\{\Delta t + (\frac{T_{exc}}{2} - t_l)\right\} mod[T_{exc}]$

T_{exc} : Période du signal excitation de la puce.
t_l : Durée de l'impulsion du signal d'excitation.
Δt : Calculé par l'équation (3).

I want morebooks!

Buy your books fast and straightforward online - at one of the world's fastest growing online book stores! Environmentally sound due to Print-on-Demand technologies.

Buy your books online at
www.get-morebooks.com

Achetez vos livres en ligne, vite et bien, sur l'une des librairies en ligne les plus performantes au monde!
En protégeant nos ressources et notre environnement grâce à l'impression à la demande.

La librairie en ligne pour acheter plus vite
www.morebooks.fr

SIA OmniScriptum Publishing
Brivibas gatve 1 97
LV-103 9 Riga, Latvia
Telefax: +371 68620455

info@omniscriptum.com
www.omniscriptum.com

Printed by Books on Demand GmbH, Norderstedt / Germany